·热学分册·

让世界“热”起来

小牛顿很忙

马丁 / 编著
狸猫 / 绘图

给孩子的物理启蒙漫画

化学工业出版社
·北京·

图书在版编目（CIP）数据

让世界“热”起来 / 马丁编著；狸猫绘图. —北京：化学工业出版社，2024. 1

（小牛顿很忙：给孩子的物理启蒙漫画）

ISBN 978-7-122-44500-1

Ⅰ.①让… Ⅱ.①马… ②狸… Ⅲ.①热学-儿童读物 Ⅳ.①O551-49

中国国家版本馆CIP数据核字（2023）第225786号

责任编辑：潘　清　　　　　　　　　责任校对：边　涛

出版发行：化学工业出版社（北京市东城区青年湖南街13号 邮政编码100011）

印　　装：北京宝隆世纪印刷有限公司

787mm×1092mm　1/16　印张 4¾　字数 80 千字　2024 年 5 月北京第 1 版第 1 次印刷

购书咨询：010-64518888　　　　　　售后服务：010-64518899

网　　址：http://www.cip.com.cn

凡购买本书，如有缺损质量问题，本社销售中心负责调换。

定　　价：35.00 元

致亲爱的小朋友们

亲爱的小朋友们，你们听说过“摄氏度”吗？看看下面的 3 个场景，猜一猜“摄氏度”藏在哪里？

我想大家已经猜到了，“摄氏度”就藏在第二个场景中，“体温 37 度”的完整表达是“身体温度 37 摄氏度”。

再比如：室外温度 40 摄氏度，太热了；室内温度 16 摄氏度，又太冷了。大家有没有发现，温度多少摄氏度是用来表示冷或热的？

说到冷、热，大家一定都深有体会：夏天晒太阳时会感觉热，用自来水洗手后会感觉凉，冬天被风吹会感觉冷（身处热带地区的小朋友们可以打开冰箱来感受一下这种冷），但如此常见的“冷热”，却造成了很多不易被发现的有趣现象，甚至在“冷热”的背后，还藏着一个惊天大秘密，这个秘密让科学家们花了近百年的时间才得以破解！

具体怎么回事，咱们和小艾、天天一起，再次踏上探索物理的旅程吧！

一、本套书的编排顺序属笔者精心设计，最好顺次阅读哟！

二、遇到思考题时，可以停下来和爸爸、妈妈一起讨论，建议不要直接看答案，因为“思考讨论”的过程远比“知道答案”更重要。

三、如果需要动手实验，请邀请家长陪同，安全第一。

四、每一节的最后都设置了针对本章节核心内容的知识大汇总，便于日后总结归纳。

五、完成学习后，可以从书本最后一页获取奖励徽章。

创作者简介

作者 **马丁**

中国科学院物理学博士，原北京、深圳学而思骨干物理教师，拥有十多年中考、高考、竞赛以及低年级兴趣实验课教学经验，一直秉承着展现物理之美、激发学习兴趣、培养良好习惯的教学理念。他的课程深受广大学生、家长好评，自媒体平台上的物理教学课程浏览量超百万。

绘图 **狸猫**

90 后青年漫画师，作品以儿童科普漫画为主，创作风格清新活泼、温暖治愈，深受大小朋友们的喜爱，自媒体平台点赞量过百万。

角色介绍

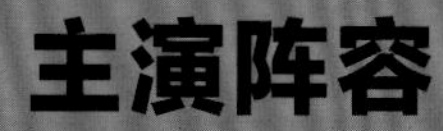

天天

一个内向的男孩，爱思考，不善言谈，后来逐渐变得主动起来，而且表达能力也越来越强了。

一个活泼的小女孩，好奇心重，做事略显急躁，有时候说话不经过思考，后来逐渐变得没那么急躁了，也能够全面看待问题了。

小艾

爸爸

一位博学多才的工程师，爱读书，爱钻研，有耐心，做事有计划性。

助演阵容

小水滴
一名小牛顿物理游乐园的向导，本领高强，在本书中发挥了巨大的作用。它的样子千变万化。
有时是大家熟悉的样子
可有时是这样的
当然，有时也可以是几乎完美的球形
下雨时，估计大家很难看清楚它的样子
有时它还可能变成大家完全不认识的样子。具体是什么样子，咱们书中见吧！

目录

成为小小物理学家的第二步

细心观察

冬天到了，天气冷了，小艾和天天的探索热情却没有冷，他们的物理之旅还在继续……
天天，下雪啦！走，出去玩吧！
嗯……我想去小牛顿物理游乐园了……
玩什么玩！赶快洗手吃饭了！

哎呀呀！
这水好冷呀！
你胡说，
水明明是热的嘛！
你们说的都对，
但又都不太对。
?!
什么叫都对
又都不对？
呀！
你是谁啊？

你们好！
我叫小水滴。
我和小力人一样，也是
小牛顿物理游乐园的一名向导。
小水滴？
我看你应该
叫巨型水滴吧！
感觉水冷
手热
水凉
冬天冷，自来水也会跟着凉一些。
天天，你一直呆在暖和的屋里，
用热手去摸凉水，
自然会感觉水是冷的。
是不是因为我的手
比水还冷，所以才觉得
凉水是热的？
天天感觉水冷
小艾感觉水不冷
好像是
这么回事。
天天手热
小艾的手比水
更冷
自来水凉
没错，
就是
这样的！
热
冷
那这水到底
算冷还是热呢？

好热呀！
常温的水
其实冷或热是相对的。比如常温的水对于冰块来说是热的，它的热可以使冰块熔化，但对于刚出锅的面条来说，它却是冷的。
它能让热面条变得没那么烫嘴。
热面条
常温的水
好凉啊！
我们身边有很多关于冷热的现象，你们肯定见过不少。
太热时，水会被烧开，鸡蛋会被煮熟……
太冷时，水会结冰，天会下雪，还有……咦？快看那根电线！

小艾，你看，
这电线和夏天时的
好像不太一样……
你仔细看。
对哦！夏天时的电线
要更弯曲一些，我记得
你当时还说过这个来着。
冬天电线短
夏天电线长
电线这么长，
可真浪费材料。

热了胀大
冷了缩小
实际的变化可没有这么明显哟！
这种现象叫作热胀冷缩，
大部分固体和液体受热时，体积会膨胀；
反之如果变冷，体积就会收缩。
你们真棒！
这可是一个很不容易
被发现的冷热现象哟！

我好像明白了，
冬天太冷，
所以电线就“冷缩”
着变短了。
夏天天热时，
它又“热胀”
着变长了，
对不对啊？
没错，
是这样的。
拿碗吃饭啦！

思考题：小朋友们，你们能利用热胀冷缩的原理帮他们把碗分开么？
完成这道思考题，可以领取本册第一枚徽章“热了胀，冷了缩”哟！
卡在一起的两个碗
生活中除了一些明显的冷热现象，还有不少很特别的现象是需要**细心观察**才能发现的，小朋友们不妨找找看吧！
在寻找和发现的过程中，我们还能慢慢理解“热”的本质。
体温计
室温计

小朋友们，通过这一节的学习，我们初步了解了冷和热，现在我们一起来总结复习一下吧！

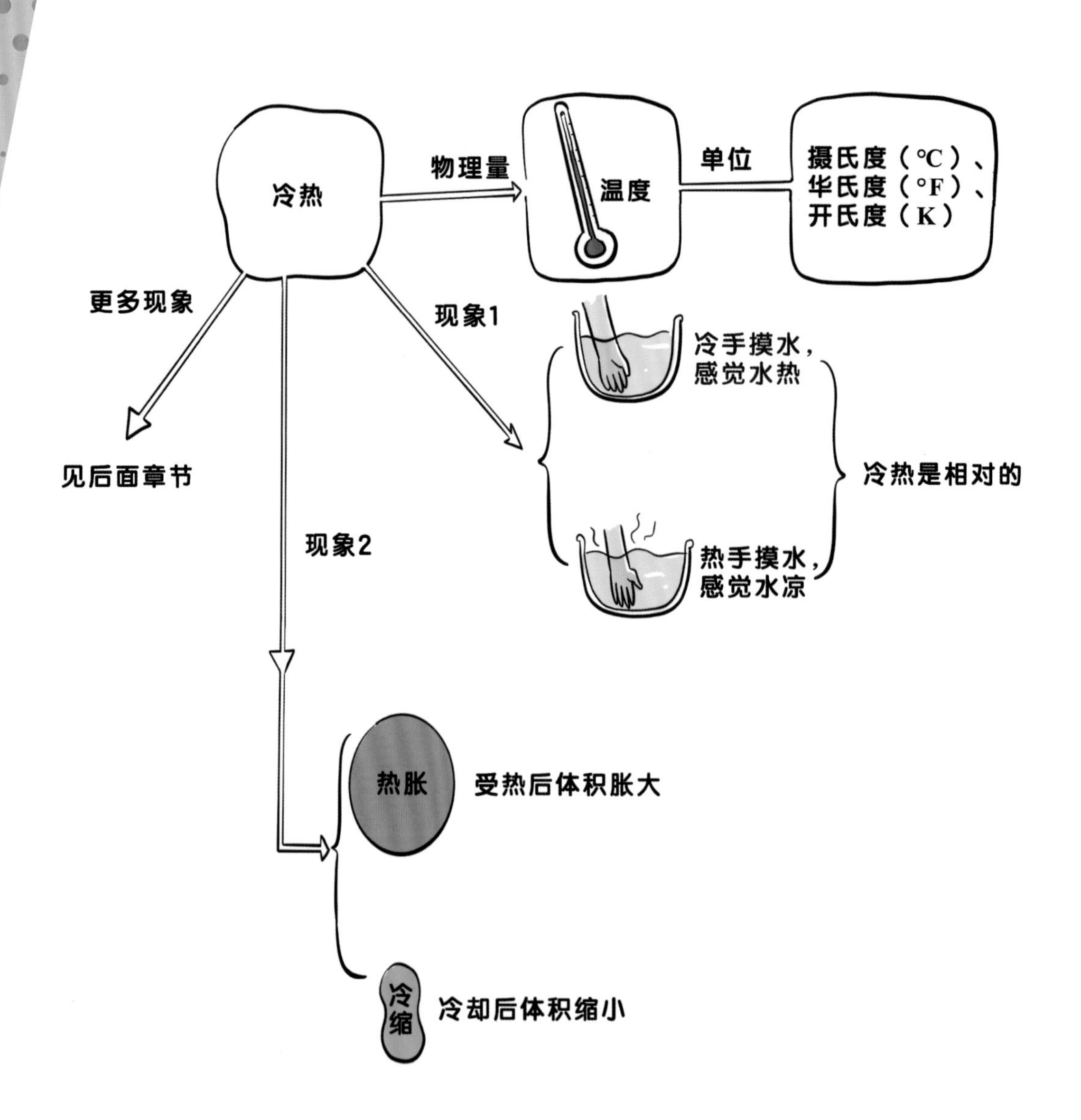

不好了，鱼缸漏水了（蒸发）

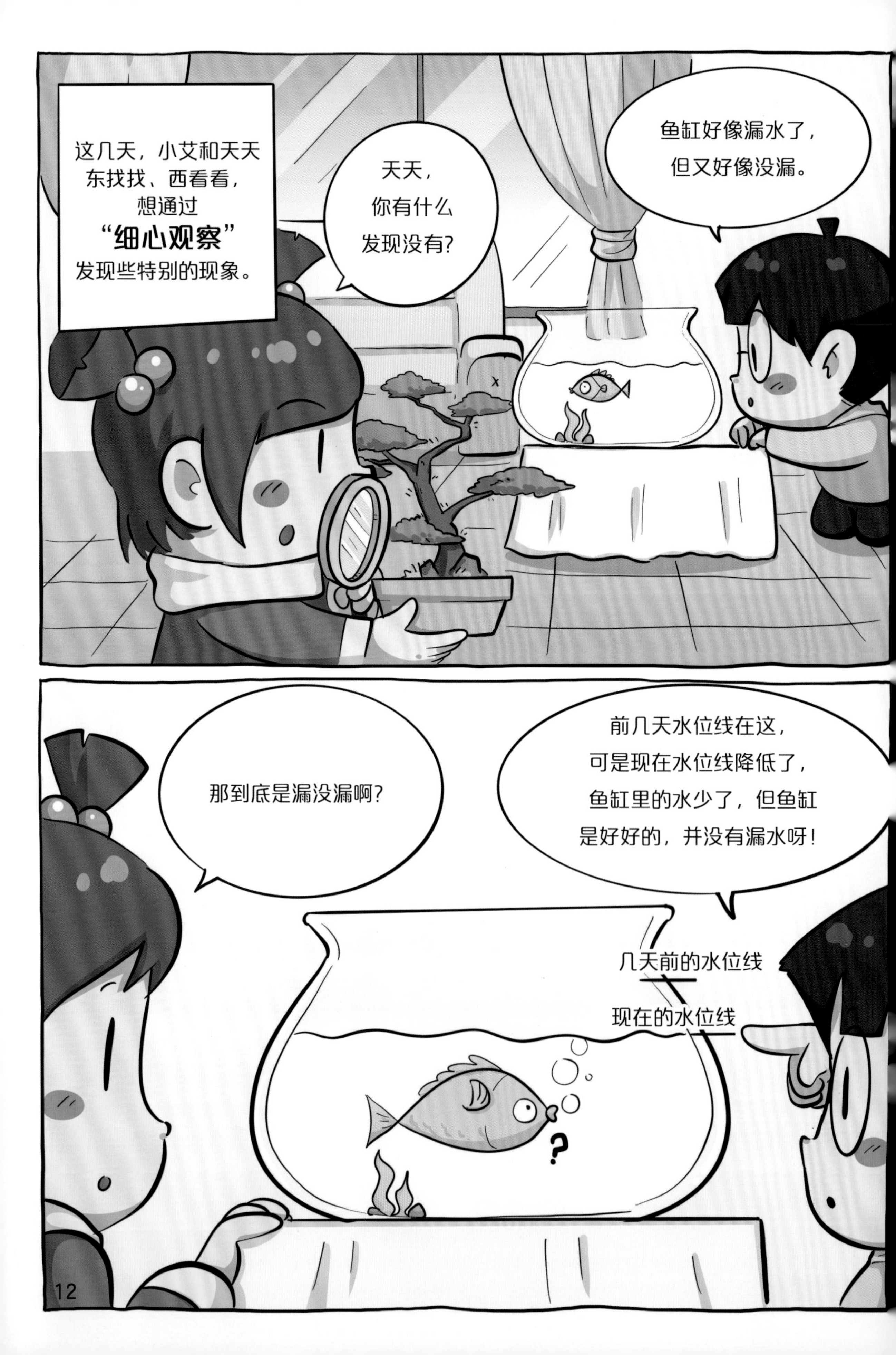
这几天，小艾和天天东找找、西看看，想通过“细心观察”发现些特别的现象。
天天，你有什么发现没有？
鱼缸好像漏水了，但又好像没漏。
那到底是漏没漏啊？
前几天水位线在这，可是现在水位线降低了，鱼缸里的水少了，但鱼缸是好好的，并没有漏水呀！
几天前的水位线
现在的水位线

10分钟过去了，
小艾和天天仍在鱼缸前观察水位线。
我记得很清楚呀！
可能是时间不够，
要不我们明天再看吧。
我的眼睛都看花了，可水位线完全没有下降嘛！是不是你记错了？
整整一天过去了，小艾和天天再次来到鱼缸前，仔细地观察水位线。
水位确实是下降了，难道是冷缩了？可是家里也不冷呀！
是啊！那水跑到哪里去了呢？地上也没有水呀！
?
其实这也是一种和冷热有关的现象，至于水跑到哪里去了，这可说来话长啊……
你和小力人都喜欢搞突然袭击啊！
哈哈，没事，我们都耐心等了一天了，也不怕你话多。

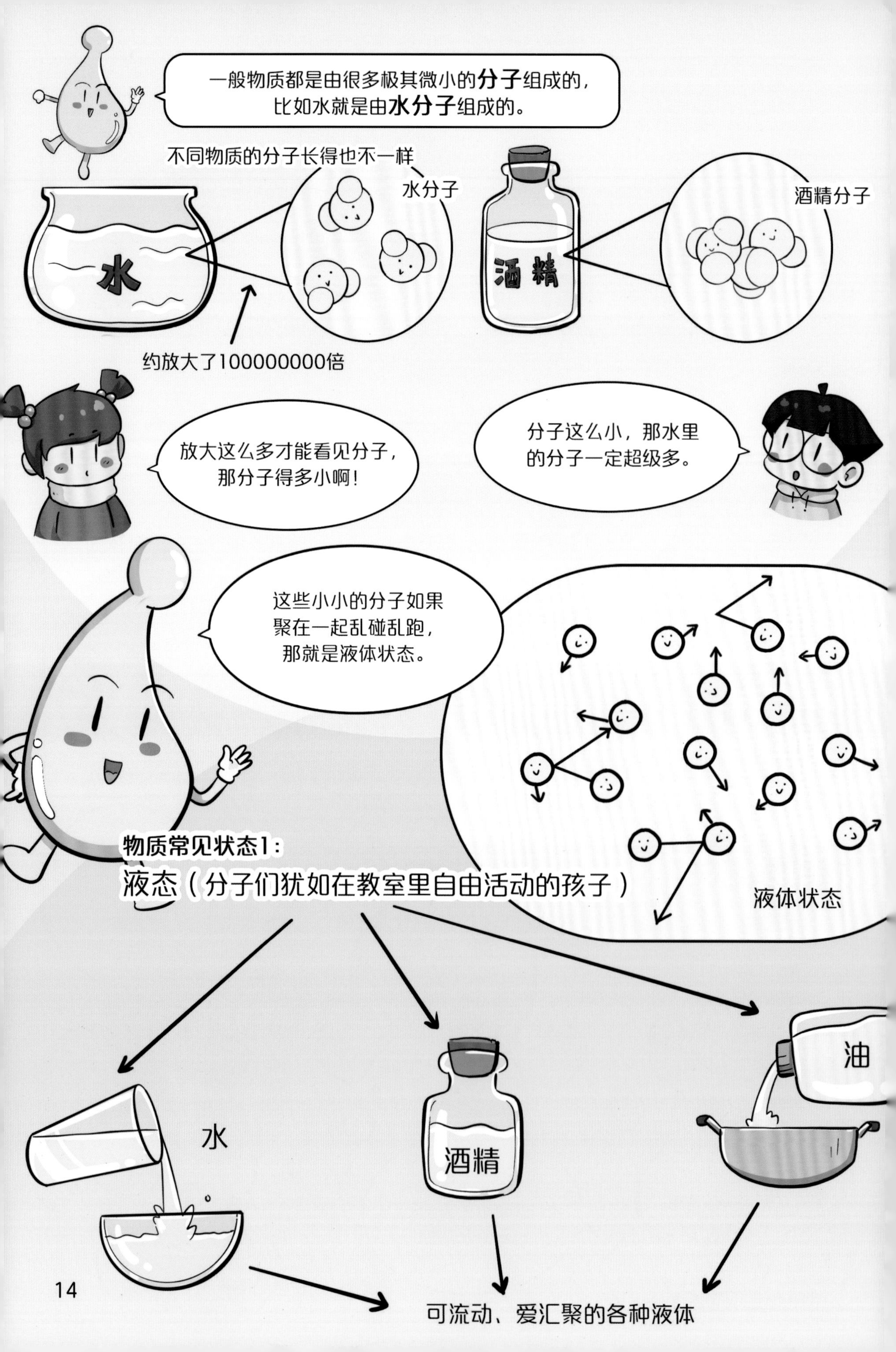
一般物质都是由很多极其微小的**分子**组成的，
比如水就是由**水分子**组成的。
不同物质的分子长得也不一样
水分子
水
酒精
酒精分子
约放大了100000000倍
放大这么多才能看见分子，
那分子得多小啊！
分子这么小，那水里
的分子一定超级多。
这些小小的分子如果
聚在一起乱碰乱跑，
那就是液体状态。
物质常见状态1：
液态（分子们犹如在教室里自由活动的孩子）
液体状态
水
酒精
油
可流动、爱汇聚的各种液体

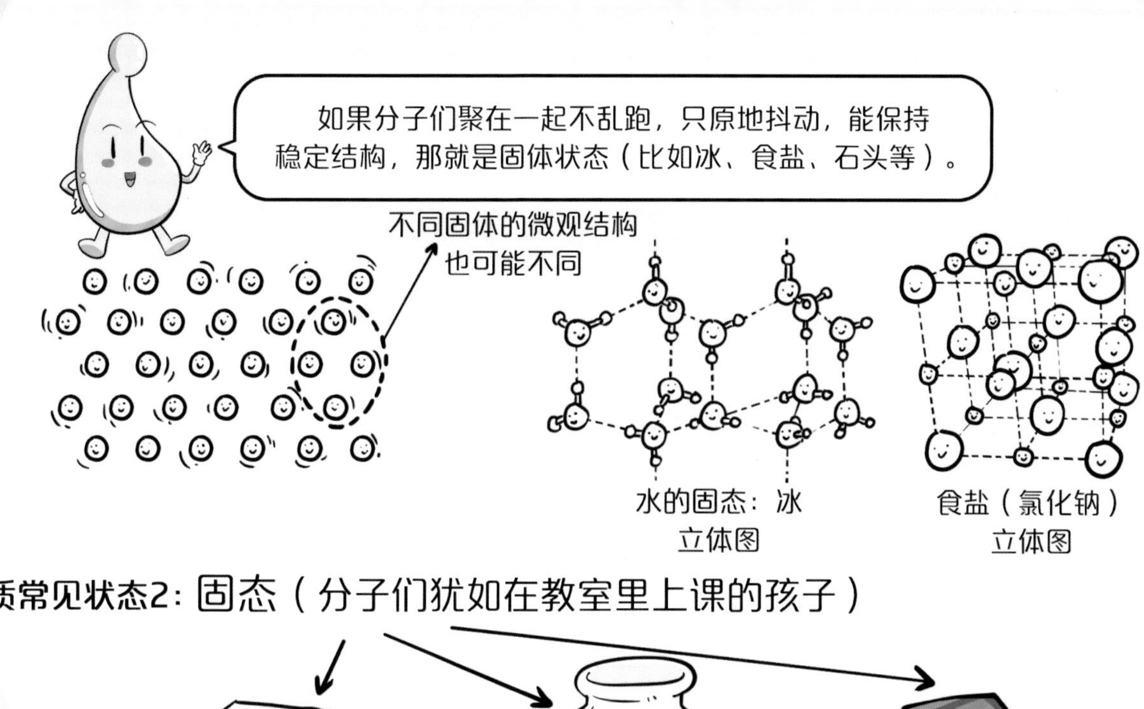
如果分子们聚在一起不乱跑，只原地抖动，能保持稳定结构，那就是固体状态（比如冰、食盐、石头等）。
不同固体的微观结构也可能不同
水的固态：冰
立体图
食盐（氯化钠）
立体图

物质常见状态2：固态（分子们犹如在教室里上课的孩子）

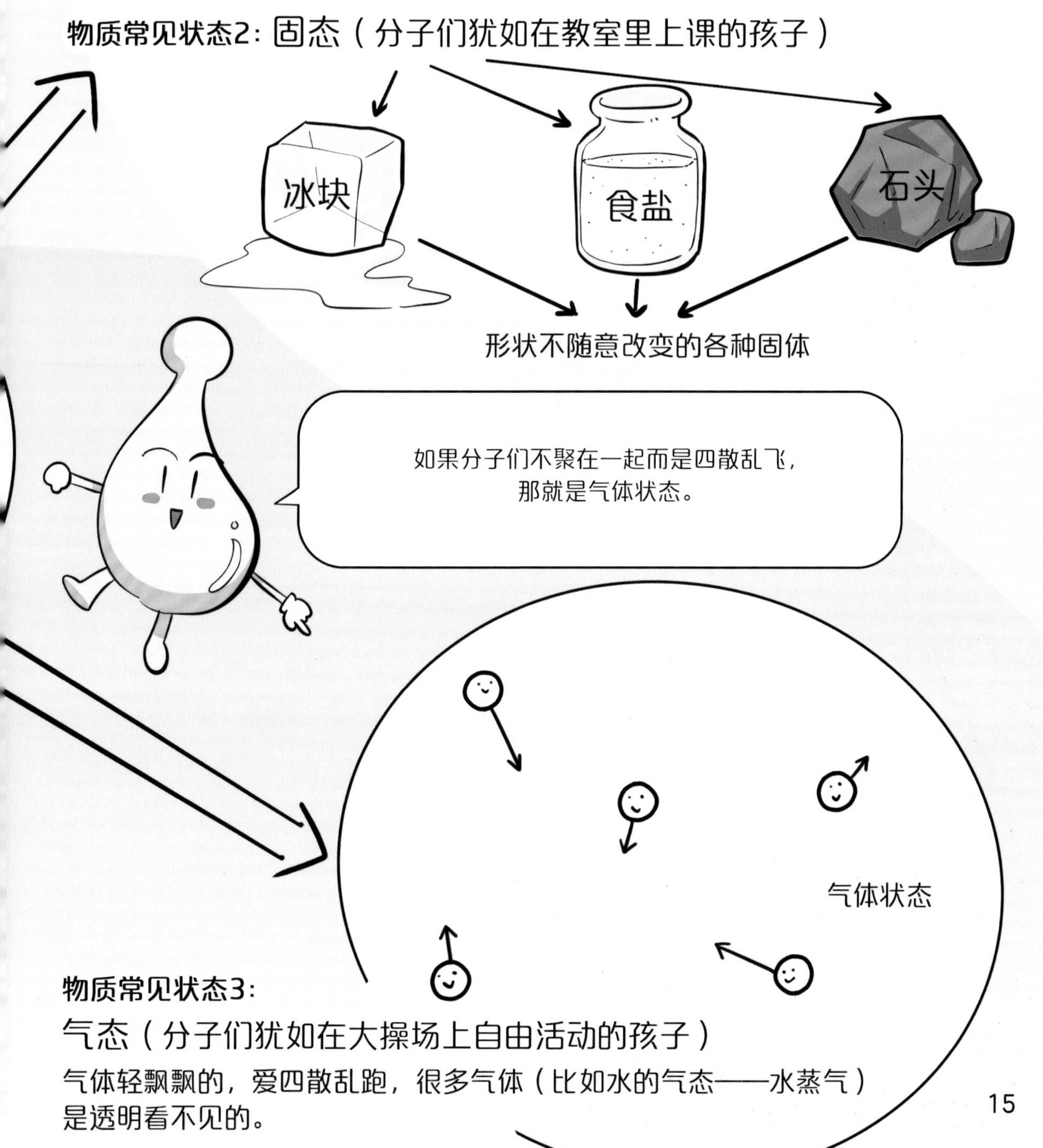
冰块
食盐
石头
形状不随意改变的各种固体
如果分子们不聚在一起而是四散乱飞，
那就是气体状态。
气体状态

物质常见状态3：

气态（分子们犹如在大操场上自由活动的孩子）

气体轻飘飘的，爱四散乱跑，很多气体（比如水的气态——水蒸气）是透明看不见的。

那水、冰、水蒸气，它们都是由同样的水分子组成的吗？
没错！虽然它们的状态不同，但分子还是那些分子。至于你们的问题——“鱼缸里的水为什么少了”，线索就藏在我刚才讲的知识里，你们不妨想想看。
鱼缸里少了的是液态的水，所以我猜鱼缸里的水分子应该是跑到空气中了，变成了我们看不见的气态水。但是这些水分子为什么会跑出去呢？
气态：飞出去的水分子
表面层
液态：分子聚在一起乱碰乱跑
科学家发现，分子们会一直不停地乱动，碰来碰去的，这种现象专业的说法叫作“**分子的无规则运动**”。
在液体表面，有些分子可能会不小心飞出液体跑到空气中去。比如，它被其他分子向上撞得太狠而飞出，这样一来，表面层的液体就会不断变成气体，这种现象就叫作“**蒸发**”（蒸发是一种液体变气体的**汽化**现象）。

可是为什么水会蒸发得那么慢呢？我们等了一天才发现水只少了一点点。
一个重要的原因是蒸发只在液体表面进行，鱼缸中的水很多，但表面的那层水却很少。只有上一层的水跑了，才能轮到下一层的水，所以蒸发得慢。
小水滴，你一开始时说这是一种和冷热有关的现象，那么蒸发和冷热到底有什么关系呢？
关于这个问题的答案，就藏在思考题里！小朋友们赶快想一想，完成思考题之后，就可以领取第二枚徽章“悄悄进行的蒸发”啦！
1
2
热水
思考题1：蒸发往往很慢，那么怎样做才能加快蒸发呢？比如怎样做能让湿衣服快点儿变干？
思考题2：蒸发有一种神奇的作用——吸热降温，生活中有哪些蒸发吸热降温的例子？

知识大汇总

小朋友们，这一节我们认识了一个新的名词“蒸发”，它有很多神奇的作用，比如可以使鱼缸里的水变少。除此之外，我们还学习了物质的几种常见状态。现在我们就针对这些知识，一起来总结一下吧！

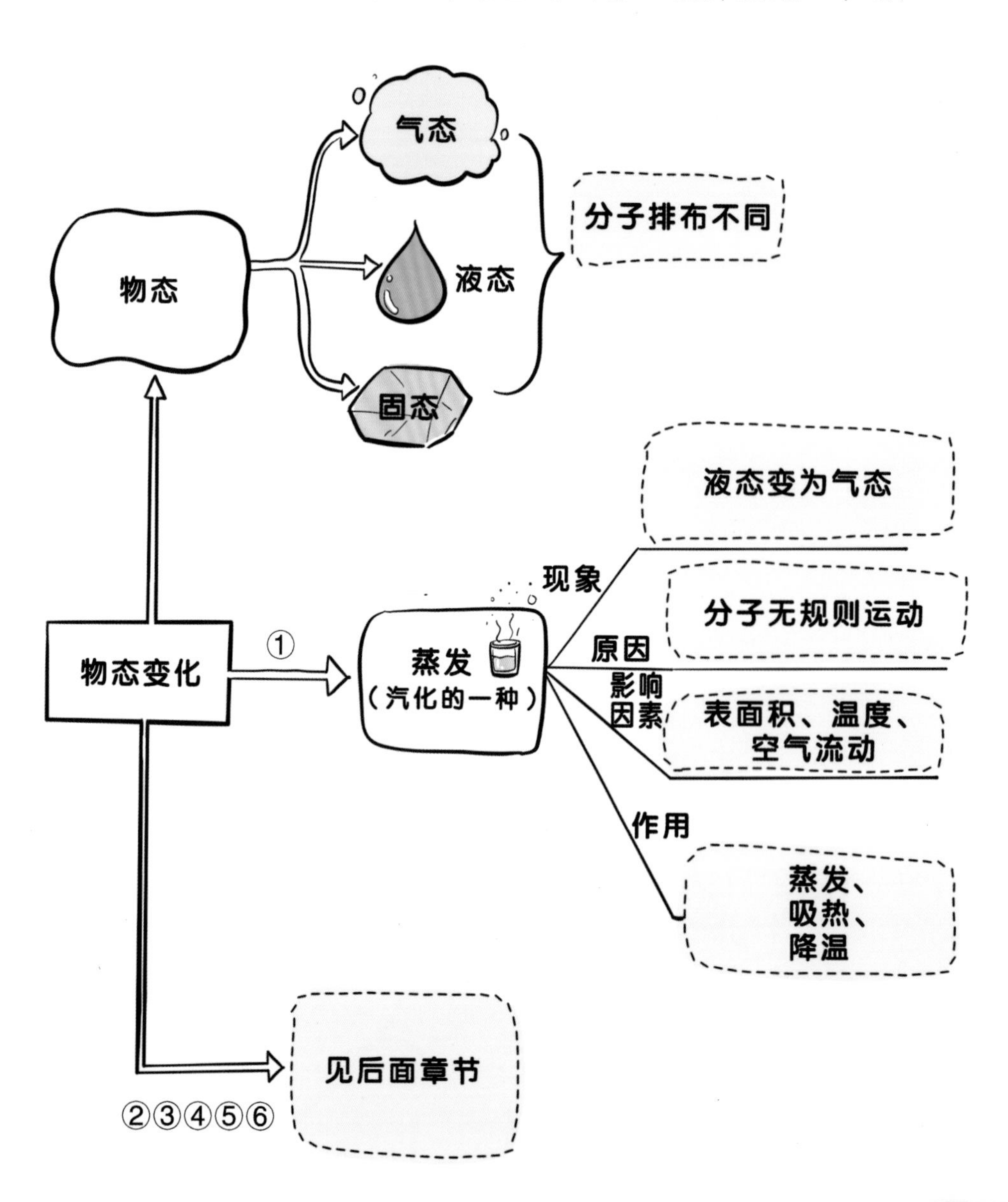

咦！冷饮罐出汗了

（液化和凝华）

天天通过“细心观察”发现了蒸发现象，小艾感觉自己落后了……
我也细心观察了呀！可是要想有新的发现实在是太难了，火大啊！让我先喝个冷饮冷静冷静。
冰冰凉凉的，小朋友们千万不要多喝哦！
咦，奇怪！易拉罐外面好像有一层薄薄的水雾。
用手擦擦看，好像就是水啊！这水是从哪儿来的呢？
冰箱里面的易拉罐表面可是干的呀！真奇怪。
没有水雾
确实没有水雾，我也想喝一罐，嘿嘿！

天天也从冰箱中拿出了一罐冰冰凉凉的饮料……
在冰箱里时
拿出来后
我这罐也是，刚刚已经被擦干的地方又有了一层水雾，奇怪奇怪。
天哪！你看，罐子上也有水了，刚才明明什么都没有啊！
擦拭过的易拉罐
放置一会儿后的易拉罐
这层水的确不是从罐子里漏出来的，至于它是从哪儿来的，咱们还得复习一下之前学过的内容。之前咱们讲过液态的水、空气中看不见的水蒸气，还有蒸发现象，还记得么？
水分子四散着各自乱跑，这就是气体
表面层
水分子聚集但是可以乱跑，这就是液体
由液体转变成气体，这个过程就叫作“蒸发”。

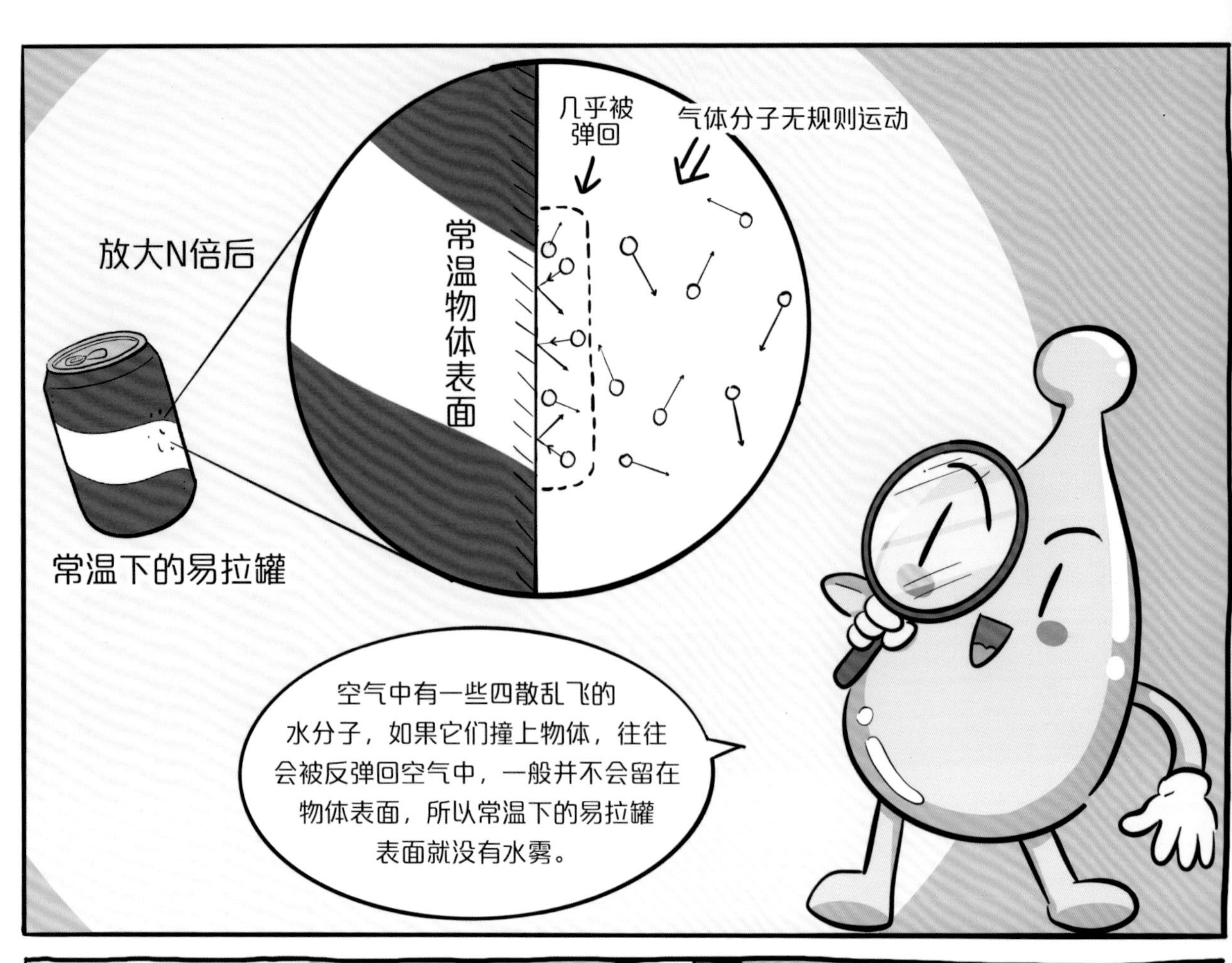
放大N倍后
常温下的易拉罐
常温物体表面
几乎被弹回
气体分子无规则运动
空气中有一些四散乱飞的水分子，如果它们撞上物体，往往会被反弹回空气中，一般并不会留在物体表面，所以常温下的易拉罐表面就没有水雾。

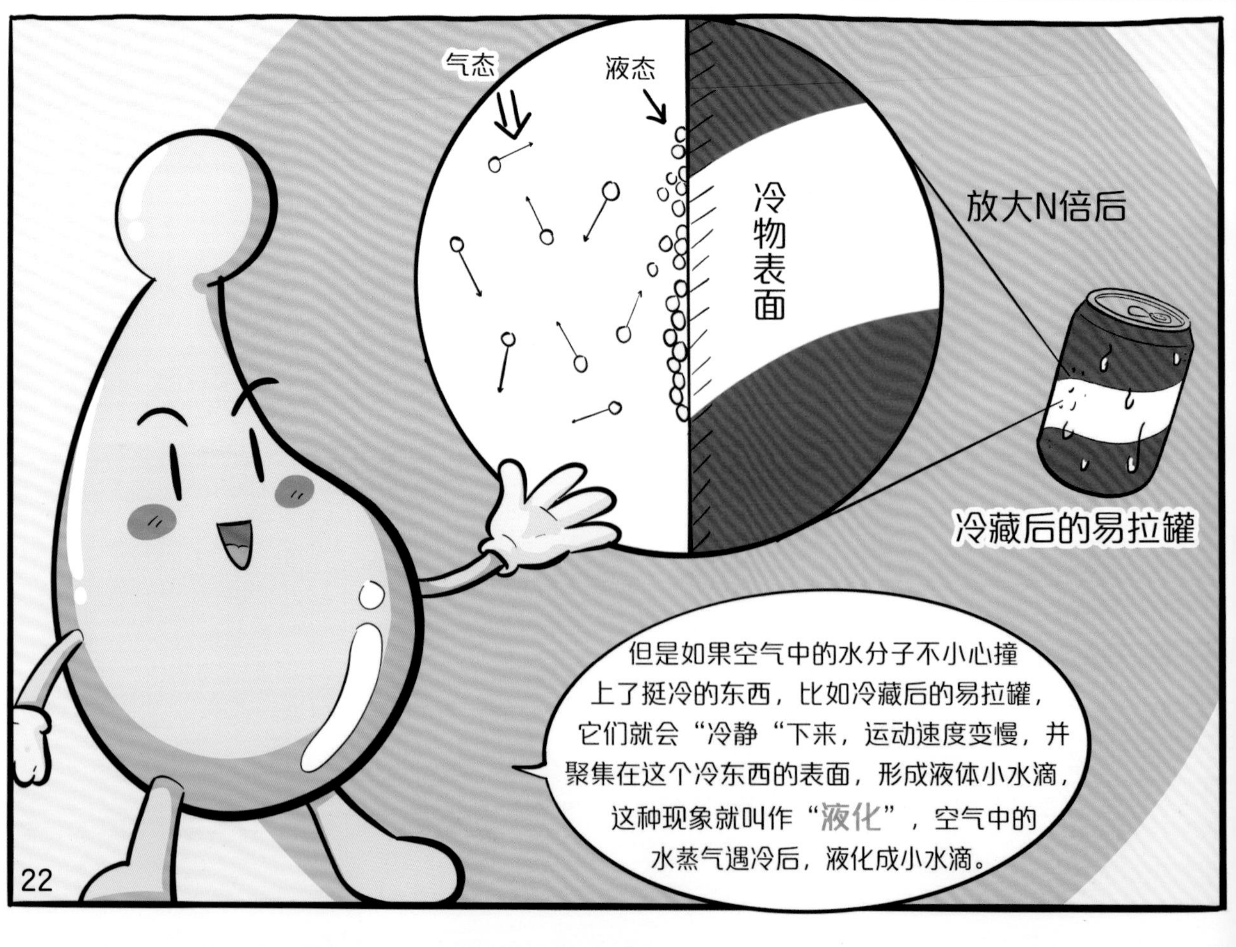
气态
液态
冷物表面
放大N倍后
冷藏后的易拉罐
但是如果空气中的水分子不小心撞上了挺冷的东西，比如冷藏后的易拉罐，它们就会“冷静“下来，运动速度变慢，并聚集在这个冷东西的表面，形成液体小水滴，这种现象就叫作“液化”，空气中的水蒸气遇冷后，液化成小水滴。

哇！原来蒸发和液化都是
由于水分子们跑来跑去导致的呀！
你们总结得真棒！
第三枚徽章“液化：我可不是漏水”
也发给你们啦！
思考题1：生活中，你还见过哪些
液化（气体变成液体）现象？
思考题2：在更冷的冰柜里，易拉罐表面
还会结霜，这种现象叫作“凝华”，
想一想为什么会这样？
完成思考题后，就可以获得第四枚
徽章“美丽冻人的凝华”啦！

知识大汇总

小朋友们，这一节我们学习了液化和凝华，你们都掌握了吗？我们一起用思维导图把这些知识再梳理一下吧！

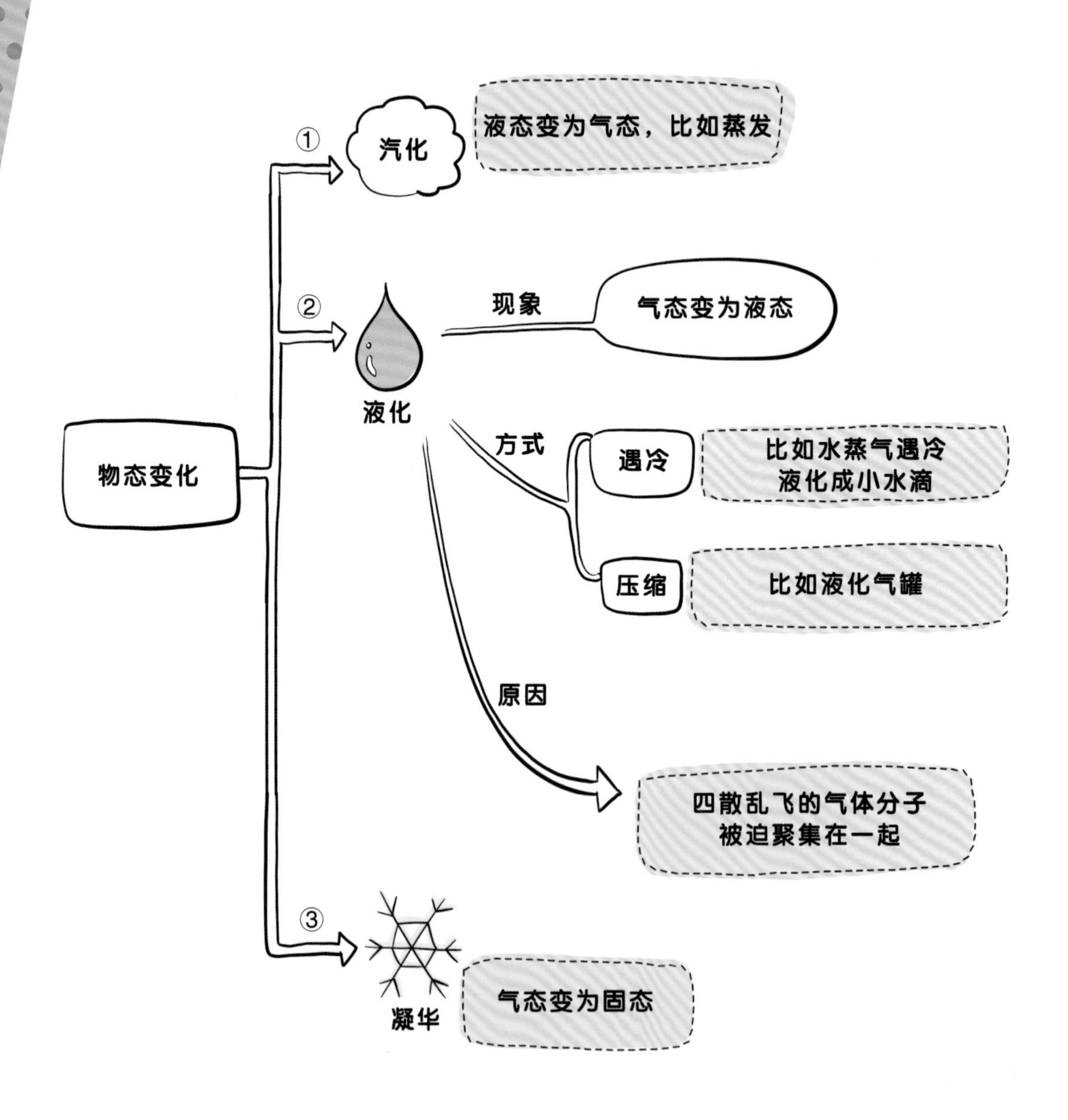

物态变化
①
汽化
液态变为气态，比如蒸发
②
液化
现象
气态变为液态
方式
遇冷
比如水蒸气遇冷液化成小水滴
压缩
比如液化气罐
原因
四散乱飞的气体分子被迫聚集在一起
③
凝华
气态变为固态

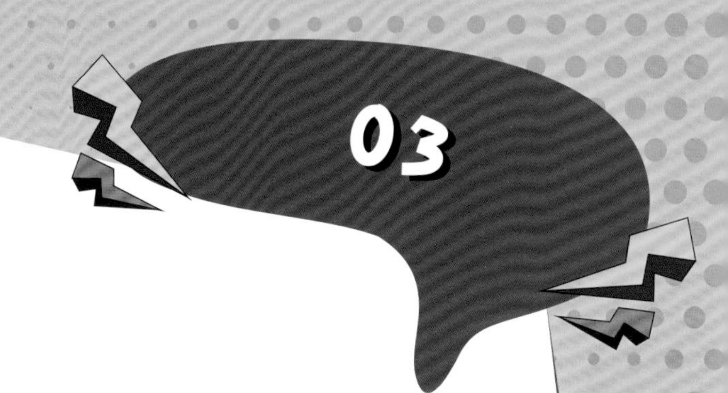

关于水的神奇发现

（凝固和熔化）

小艾和天天画了一幅图，他们把蒸发、液化、凝华都画了上去。
气态
液化
汽化（比如蒸发）
凝华
液态
固态
三种不同的现象，本质却是一样的，都是水分子在跑来跑去，真有趣！
哎？你看，这幅图上还可以再画三个箭头，这是不是说明还有另外三种我们没有发现的现象？
气态
液态
固态
?
?
?
液体的水变成固体，这不就是水冻成了冰嘛。对了，冰箱里还有咱们自制的冰棍，不知道冻好了没有。
冻得很结实呀！这种现象可以叫作“冻住了”，嘿嘿！
你这也太随便了，我觉得这种现象应该叫作“结冰”。

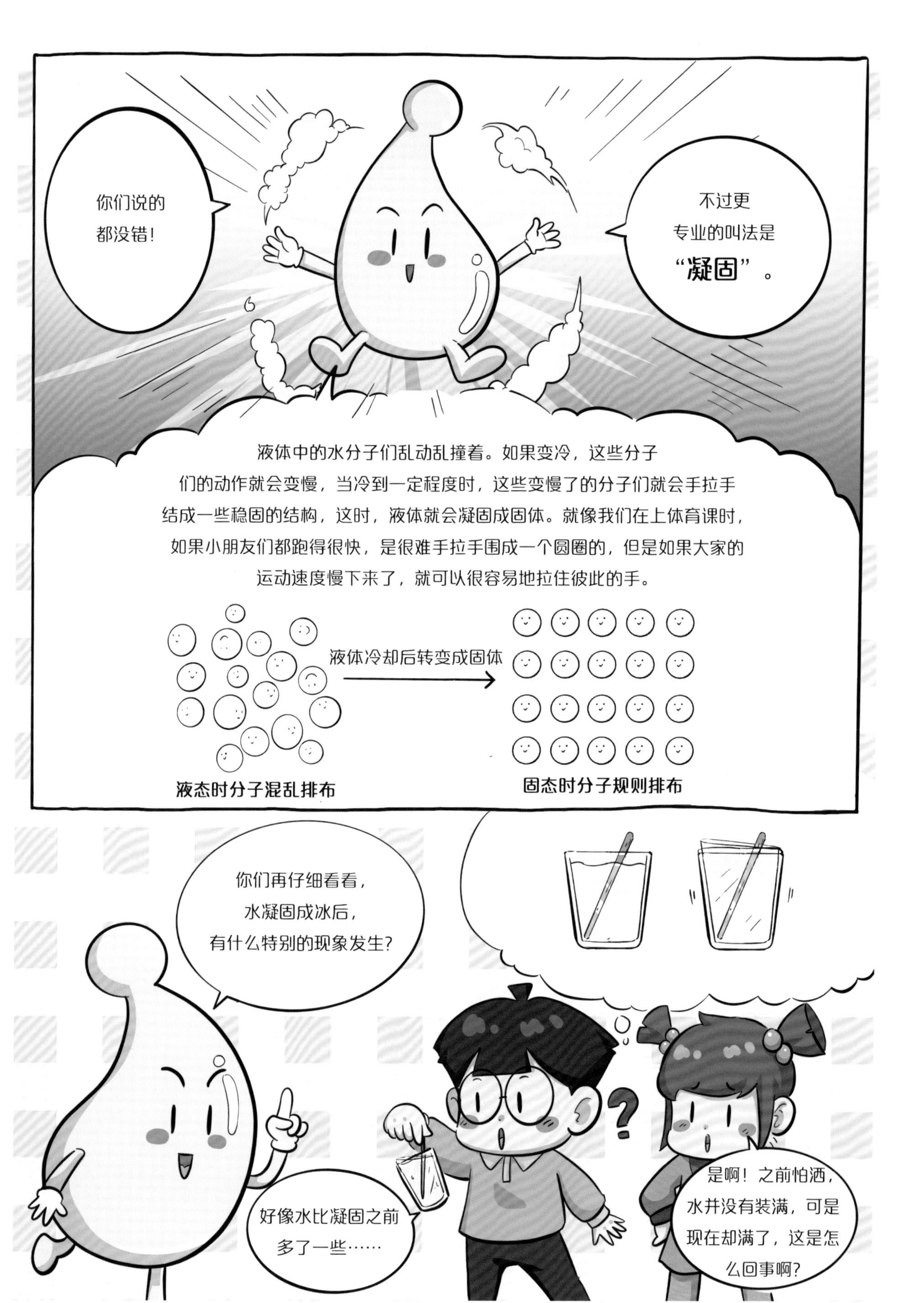
你们说的
都没错！
不过更
专业的叫法是
“凝固”。
液体中的水分子们乱动乱撞着。如果变冷，这些分子们的动作就会变慢，当冷到一定程度时，这些变慢了的分子们就会手拉手结成一些稳固的结构，这时，液体就会凝固成固体。就像我们在上体育课时，如果小朋友们都跑得很快，是很难手拉手围成一个圆圈的，但是如果大家的运动速度慢下来了，就可以很容易地拉住彼此的手。
液体冷却后转变成固体
液态时分子混乱排布
固态时分子规则排布
你们再仔细看看，
水凝固成冰后，
有什么特别的现象发生？
好像水比凝固之前
多了一些……
是啊！之前怕洒，
水并没有装满，可是
现在却满了，这是怎
么回事啊？

这是因为水冷却凝固时，自身的体积会膨胀！
奇怪，不是应该“热胀冷缩”么？
对啊，水怎么反而“冷胀”了呢？
凝固
液态水分子排布混乱但却更紧密些
固态水分子排列规则但却更松散些
水是一种既常见又特殊的物质，咱们先来对比一下水在液态和固态两种状态下分子的排布情况，对比完，你们就明白啦！
我明白了，就算水分子数量没有增多，但凝固后由于水分子的排布更加松散了，所以需要占用的空间就更多了！
没错，是这样的！
那反过来说，冰融化成水之后，体积是不是又会缩小？

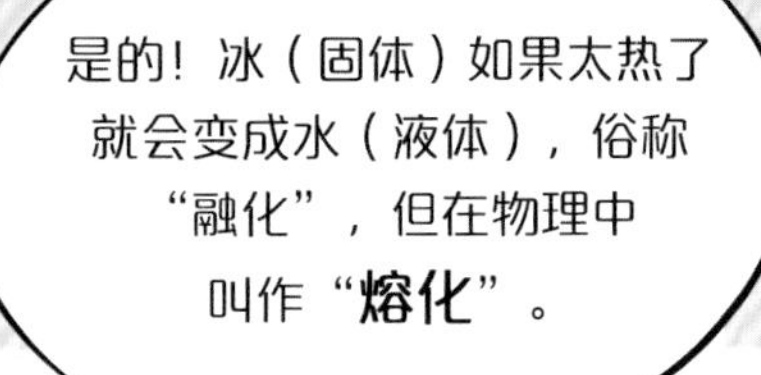

是的！冰（固体）如果太热了就会变成水（液体），俗称“融化”，但在物理中叫作“**熔化**”。

液体流失热量，冷到一定程度，**凝固**成固体

凝固过程

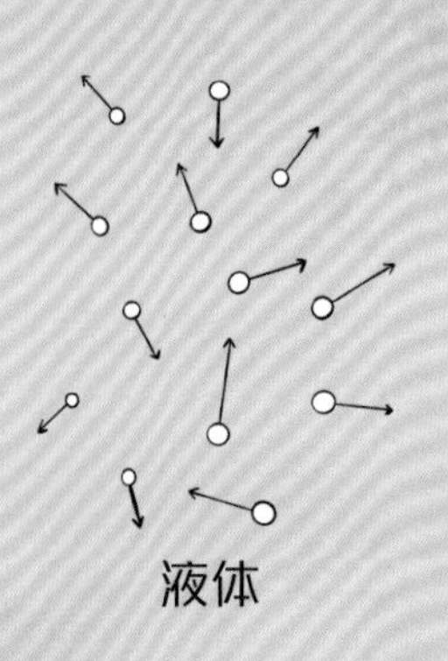

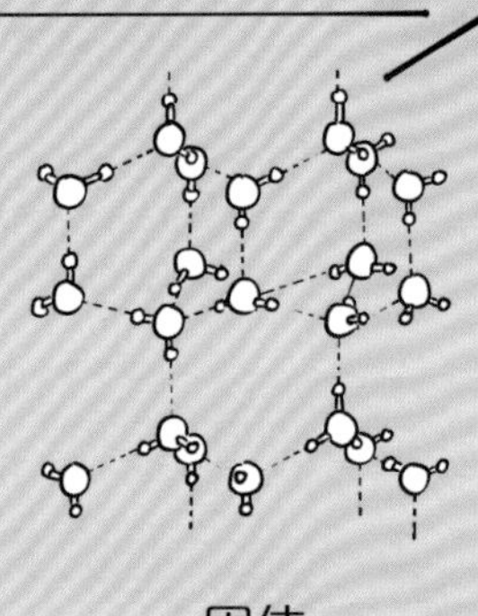

液体　　　　固体

固体吸收热量，热到一定程度，**熔化**成液体

熔化过程

固体中的分子们本来是结成了某种稳定结构的，分子们不能乱跑，只能原地乱抖。如果变热，这些分子就会抖动得更厉害。当热到一定程度时，原本稳定的结构就会被分子自己给抖散架了，这样分子们就又能乱跑了，这时，固体就熔化成了液体。

分子们把自己给抖散了，哈哈哈！太逗了！
思考题：小朋友们，除了水凝固成冰，冰熔化成水，你们还见过哪些物质的凝固和熔化？赶快想一想，第五枚徽章“固液互换——凝固和熔化”正等着你们来领取呢！

蒸发、液化、凝华、凝固、熔化，这些物态变化的现象都是由于分子的重新排布导致的。这些陌生的词，小朋友们能记住么？一时记不住也没有关系，对于物理，理解原理要比只记住几个词更重要哟！

知识大汇总

在这一章节中，我们又接触到两个新名词——凝固和熔化，其实这些神奇的物理现象就发生在我们的日常生活中，我们平时一定要细心观察哟！现在我们就来系统地归纳总结一下相关知识吧！

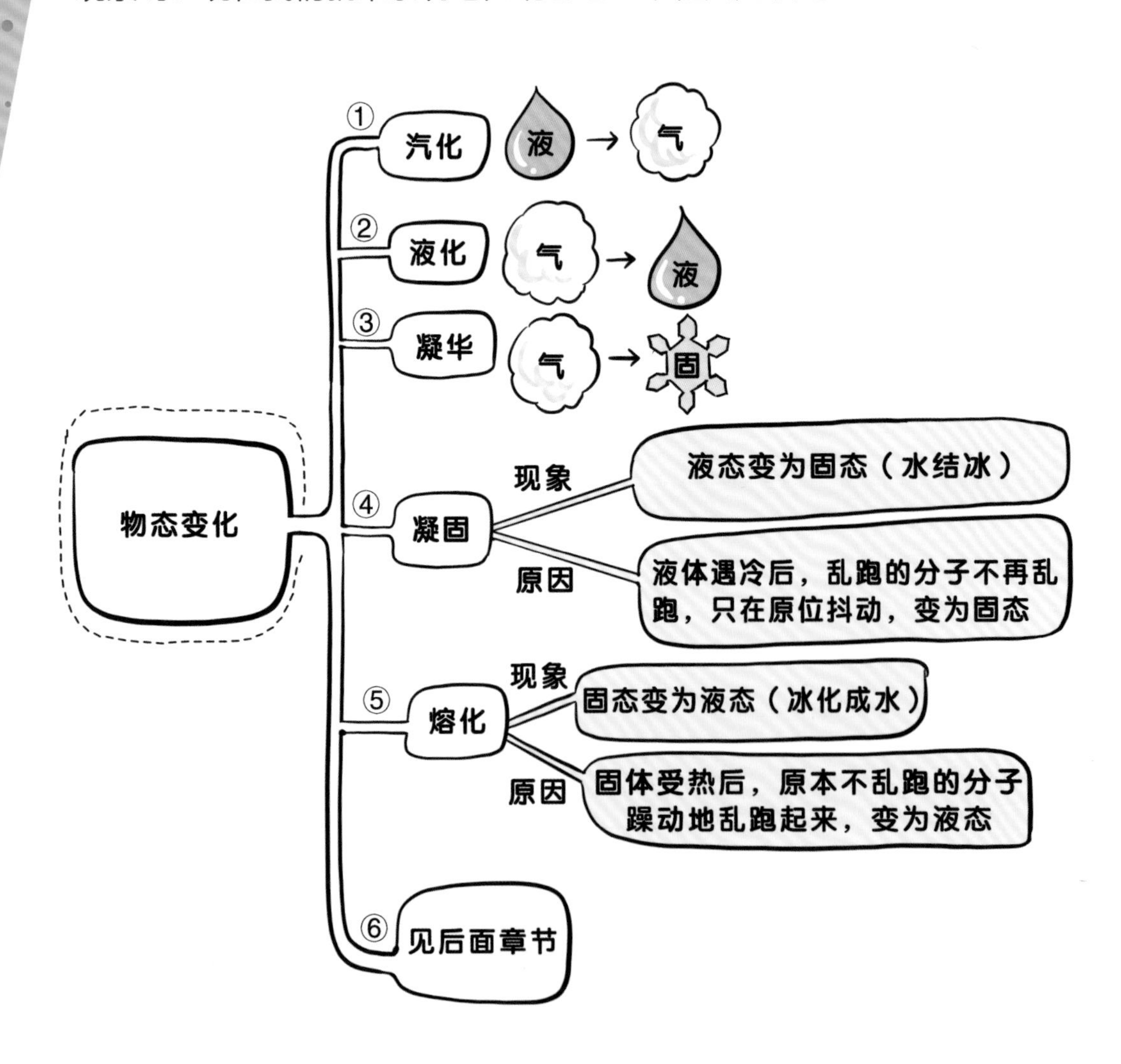

快看，冰块消失了
（升华）

气态
液化
汽化（比如蒸发）
？
凝华
液态
固态
凝固
熔化
物态变化三角形就缺最后一个箭头了，再补上这个箭头就完整了，可问题是……固体真能直接变成气体么？
固体中的分子们那么稳固，要想直接跑到空气中去，会很难吧！
升华
由固体变成气体的现象是有可能发生的，这种现象叫作“**升华**”，不过这种现象并不常见。咱们不妨做个实验吧！

实验素材
一个空餐盘
（陶瓷、玻璃、金属的都行）
少量水
一张卫生纸
冰箱
（或寒冷地区的室外）
实验步骤
1
用水将一张卫生纸浸湿，浸湿后可以再轻轻地挤出一些水。
2
将浸湿后的卫生纸小心地展开，平放在干的空餐盘里，然后将其放入冰箱的冷冻柜中，或者放置到寒冷的室外。
3
耐心地等待一天之后，打开冰箱仔细观察，用手折一折卫生纸，随后抓紧时间将其放回到冷冻柜中，并将观察到的现象记录下来。
4
再耐心地等待几天，然后打开冰箱仔细观察，同样用手折一折卫生纸，对比前几天观察到的现象，看看有什么不同之处。

小艾和天天说干就干，不一会儿就完成了前两步的操作，他们耐心地等到了第二天……
很冷的冷冻柜
天天，咱们猜对了，并没有什么特别的现象发生，卫生纸只是被冻成了冰冷的硬纸板。
其实并不是纸本身被冻住了，而是纸里的水被冻住了，水凝固成了冰。
那咱们赶快把卫生纸放回冷冻柜里吧。
转眼一个星期过去了……
天哪！之前被冻硬的卫生纸现在又变得柔软了！纸上的冰全都消失了。
气态
液化
汽化（比如蒸发）
凝华
升华
液态
固态
凝固
熔化
没错！你们补齐了最后一个箭头——“升华”。
冷冻柜里那么冷，冰应该不会熔化成液体，难道冰直接变成了气体吗？

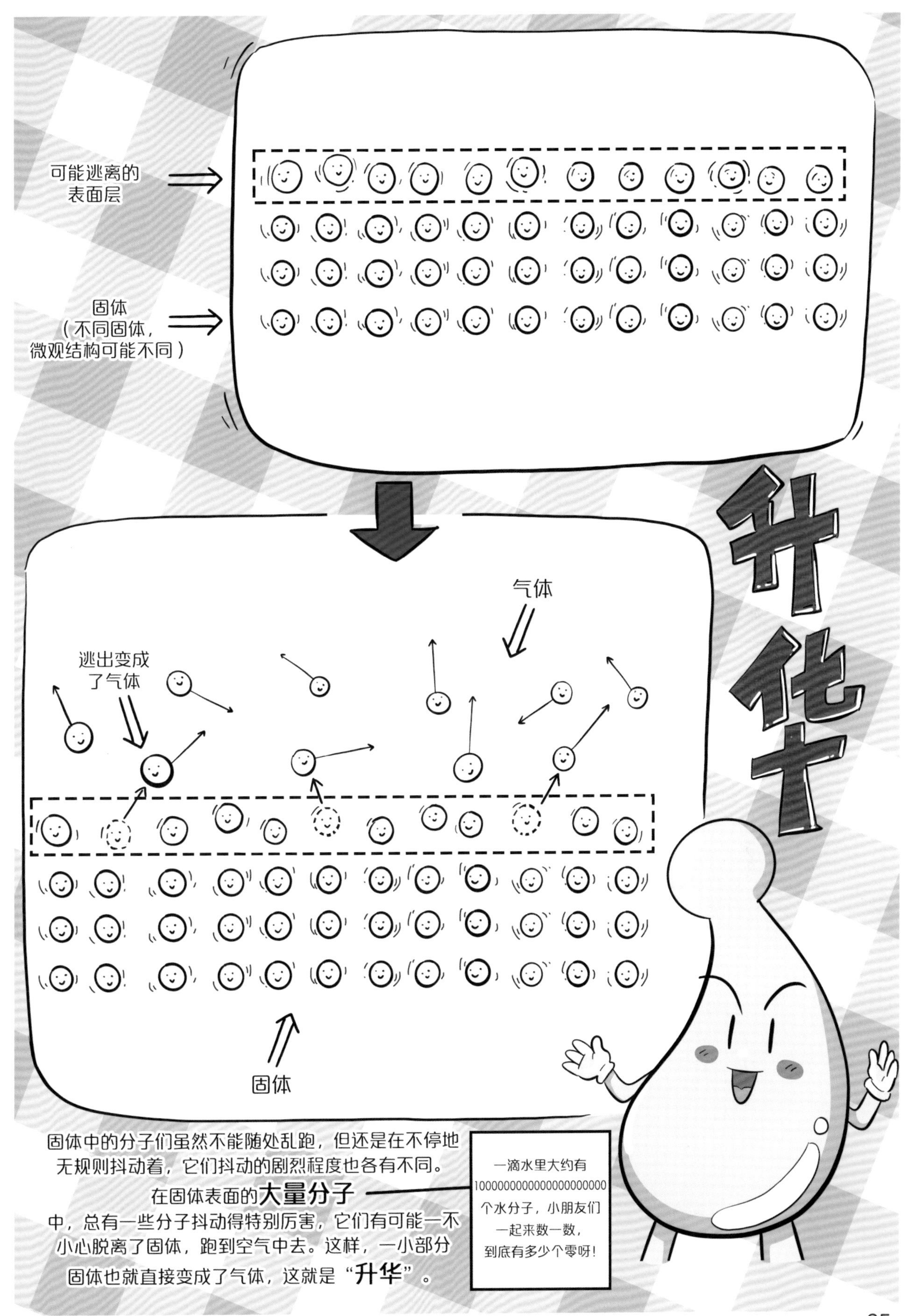
可能逃离的表面层
固体（不同固体，微观结构可能不同）
升华
气体
逃出变成了气体
固体
固体中的分子们虽然不能随处乱跑，但还是在不停地无规则抖动着，它们抖动的剧烈程度也各有不同。
在固体表面的大量分子中，总有一些分子抖动得特别厉害，它们有可能一不小心脱离了固体，跑到空气中去。这样，一小部分固体也就直接变成了气体，这就是“升华”。
一滴水里大约有1000000000000000000000个水分子，小朋友们一起来数一数，到底有多少个零呀！

新灯泡
较粗的灯丝（固体钨）
使用几年后
钨丝变细了
固体升华了
冰更薄了，冰升华成了水蒸气
薄冰
几天后
既然冰能够升华成气体，那么这块石头是不是也在升华呀?
热水
几十秒后
碘的升华
升华的快慢和物质自身以及环境都有关系。很多固体几年才能看出有升华的迹象，比如说灯泡里的钨丝；有些固体，比如冰，几天才能看出来升华了；而有些固体的升华就很明显，等你们上中学后，物理老师会拿固体碘来做升华实验。
微小的分子、空气中看不见的水蒸气、还有升华……我感觉周围的世界突然变得不一样了呢！
同感同感！
小水滴，今天的思考题是什么呀?
嘿嘿，不光有思考题，还有徽章呢！赶快来领取第六枚徽章“不易被发现的升华”吧！
思考题1：在冰天雪地的寒冬，把湿衣服挂在室外，能晾干么?
思考题2：在冰的升华实验中，除了餐盘里的纸重新变柔软了，还有什么特别的现象发生吗?这种现象叫作什么?
（一定要细心观察哟！）
1
2

知识大汇总

小朋友们，这一节我们学习了最后一个物态变化——升华，并完成了有趣的升华实验，怎么样，物理很有趣吧！现在到了我们汇总知识的时候了，快来一起完成这幅思维导图吧！

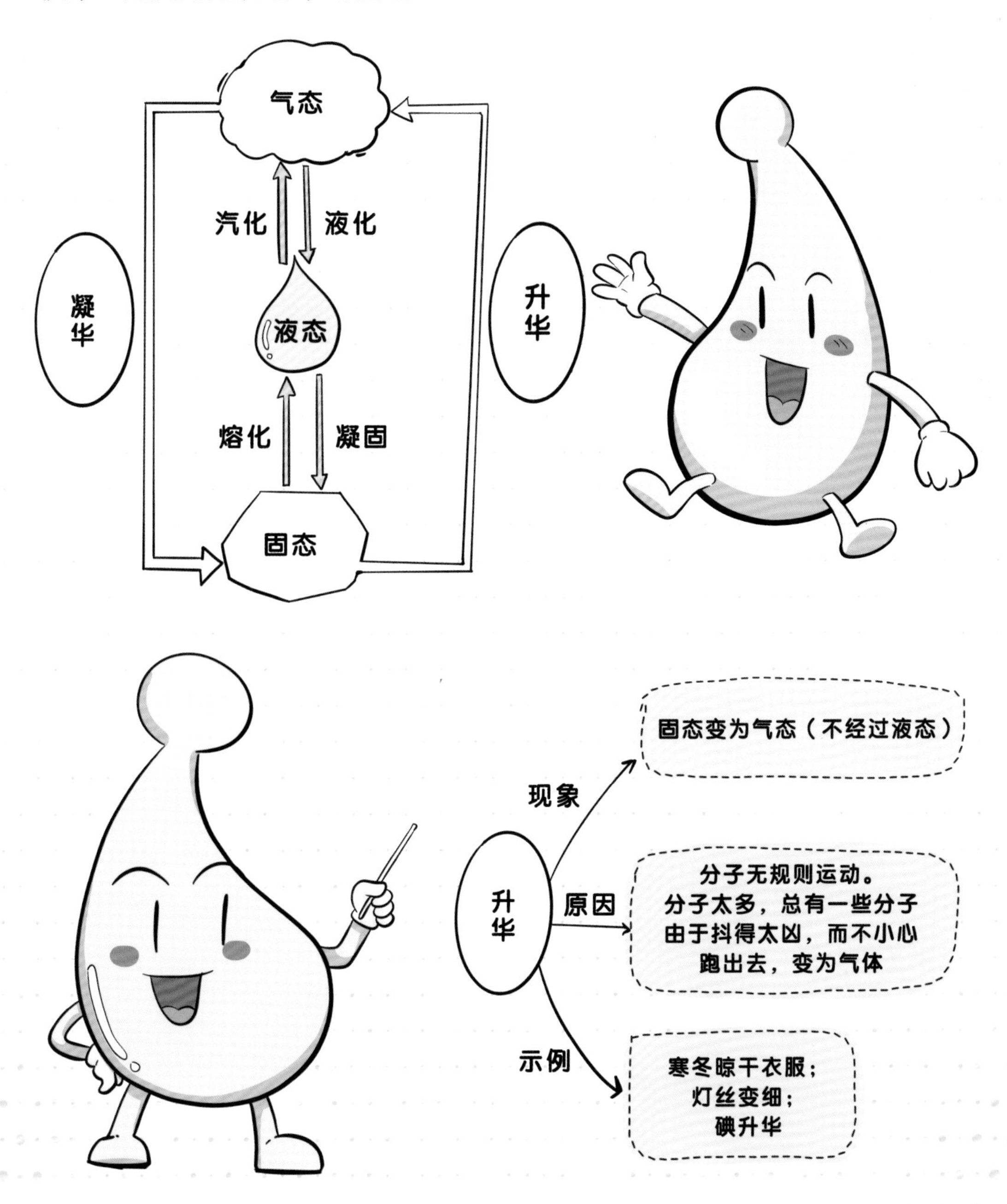
气态
汽化
液化
液态
熔化
凝固
固态
凝华
升华
现象
固态变为气态（不经过液态）
原因
分子无规则运动。
分子太多，总有一些分子由于抖得太凶，而不小心跑出去，变为气体
示例
寒冬晾干衣服；
灯丝变细；
碘升华

天气模拟馆
（云、雾、雪和冰雹）

小艾和天天又一次
来到了小牛顿物理
游乐园。
小牛顿物理游乐园

天气模拟馆
小艾、天天，
欢迎你们来到
天气模拟馆。
小水滴你好，
我们又见面了。

云朵模拟仓
大雾模拟仓
日常生活中的云、雨、冰、雪、雾等天气现象，其实都和物态变化有关。咱们场馆里的这些大箱子，可以用“动态三维投影”技术模拟出很多天气状况。
哇！这也太科幻了吧！

冰雹模拟仓
雪天模拟仓

云朵模拟仓
咱们先来看看云朵是怎么形成的吧！
1.由于受到太阳的照射，海洋、湖泊里的水不断**蒸发**，转变成**水蒸气**。
当高空又冷又潮湿时
5.如果小水滴们聚集成更重的大水滴，它们就会掉落下来，形成雨。
6.小朋友们想一想，飞机身后为什么有时会出现“尾迹云”，也就是我们俗称的“飞机拉烟”？

3.水蒸气遇冷后，水分子会附着在一些“漂浮的小微粒”上，并液化成小水滴（液态），有的在更冷的高空凝华成小冰晶（固态），悬浮于空中，形成云朵。
这些漂浮的小微粒叫作“凝结核”，是一滴雨的核心
其实我离你很远。
当高空较冷时
如果高空干燥，云朵受热
4.如果空气变热，小水滴又会蒸发变回成我们看不见的水蒸气，此时云也就消散了。
云朵慢慢散开
2.富含水蒸气的热空气上升。

现在咱们参观的是“大雾模拟仓”。你们知道什么时候什么地方最容易起雾吗?
1.由于水不断蒸发，湖泊、河流附近空气湿度较大（含水蒸气较多）。
2.夜间没有了太阳的照射，气温不断下降，通常清晨时最冷（特别是深秋、初冬季节）。
3.地表附近的水蒸气受冷液化成小水珠（有的凝华成小冰晶），悬浮在地面附近，形成雾。
4.随着太阳的照射，气温上升，小水滴又蒸发变成了我们看不见的水蒸气，这时雾便消失了。
雾渐渐散去

大雾模拟仓
太阳刚刚升起
对，而且湖水附近的雾尤其大呢！
有时早起的话就能看见外面雾蒙蒙的。

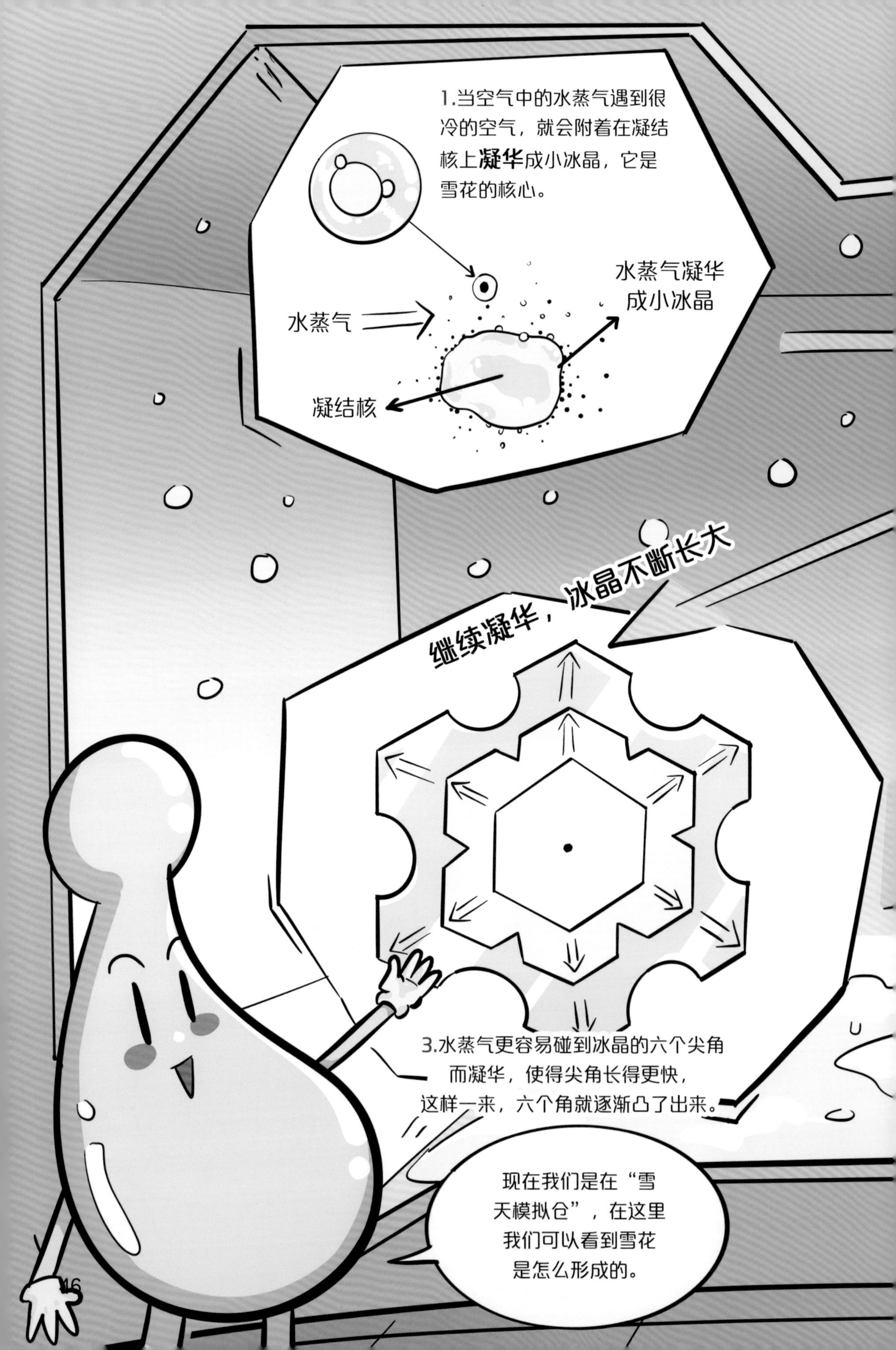
1.当空气中的水蒸气遇到很冷的空气，就会附着在凝结核上**凝华**成小冰晶，它是雪花的核心。
水蒸气凝华成小冰晶
水蒸气
凝结核
继续凝华，冰晶不断长大
3.水蒸气更容易碰到冰晶的六个尖角而凝华，使得尖角长得更快，这样一来，六个角就逐渐凸了出来。
现在我们是在“雪天模拟仓”，在这里我们可以看到雪花是怎么形成的。

雪天模拟仓
凝结核
镜头拉远
2.水蒸气碰上小冰晶后继续凝华，小冰晶便会不断长大。由于受到冰微观结构的影响，长大后的小冰晶往往是六边形的。
镜头拉远，继续凝华，形成雪花
4.在不同环境因素的影响下，小冰晶最终长成了各式各样的雪花。
而且它们长得都不太一样呢！
我最喜欢下雪啦！每一片雪花都好漂亮。

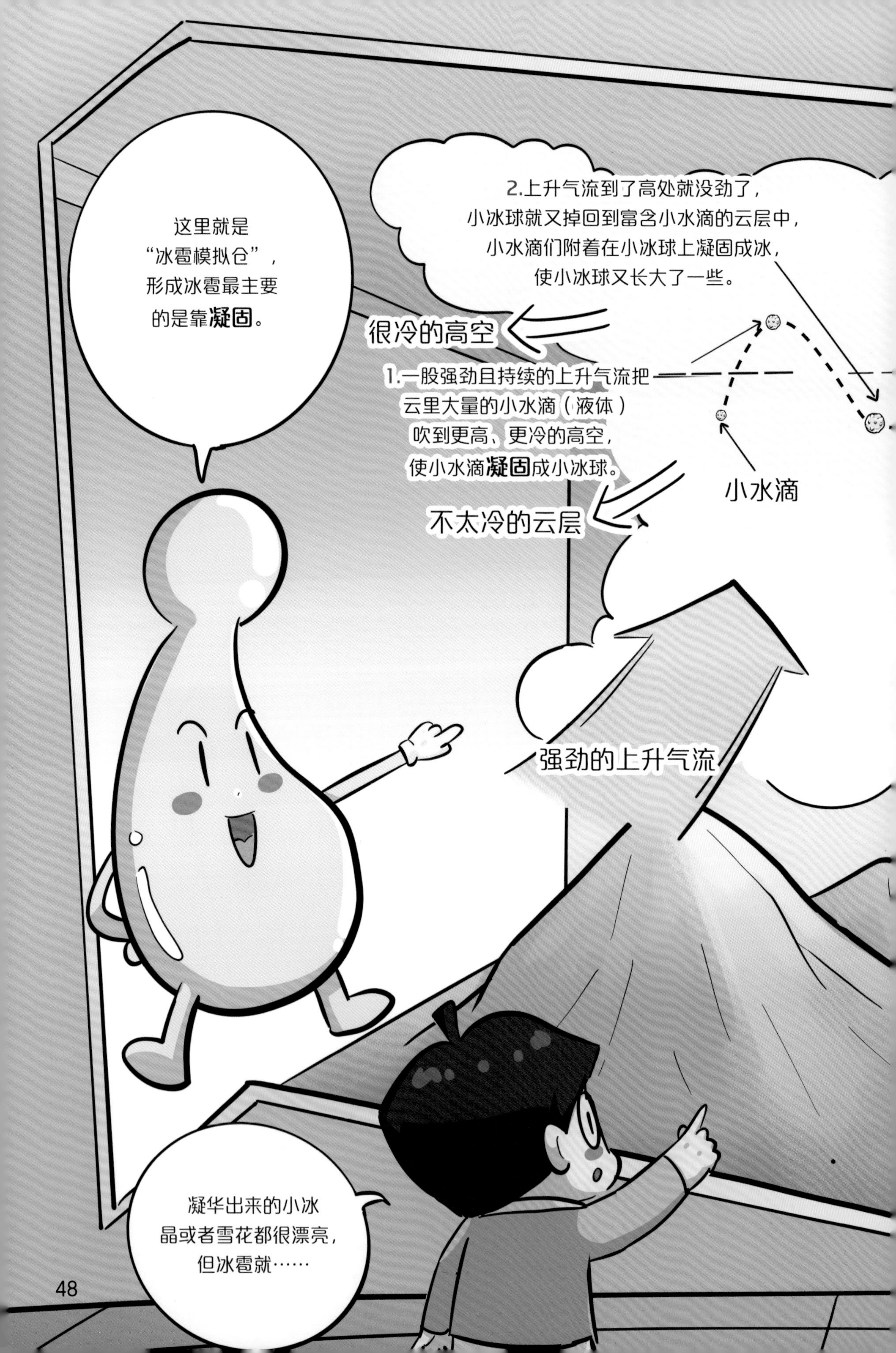
这里就是“冰雹模拟仓”，形成冰雹最主要的是靠凝固。
2.上升气流到了高处就没劲了，小冰球就又掉回到富含小水滴的云层中，小水滴们附着在小冰球上凝固成冰，使小冰球又长大了一些。
很冷的高空
1.一股强劲且持续的上升气流把云里大量的小水滴（液体）吹到更高、更冷的高空，使小水滴凝固成小冰球。
小水滴
不太冷的云层
强劲的上升气流
凝华出来的小冰晶或者雪花都很漂亮，但冰雹就……

冰雹模拟仓
3.接着小冰球又会遇到刚才那股强劲的上升气流，于是它再一次被吹回到寒冷的高空中。可是太高了，上升气流又没劲了，于是小冰球又掉了下来……
4.如此反复多次，小冰球越来越大，直到它逃出上升气流的范围，或者上升气流都托举不动它时，它才会掉下来，这就是冰雹啦！
这么多冰雹从天上掉下来，多危险啊！
世界上有很多很大的冰雹，甚至有些大到直径约20厘米。

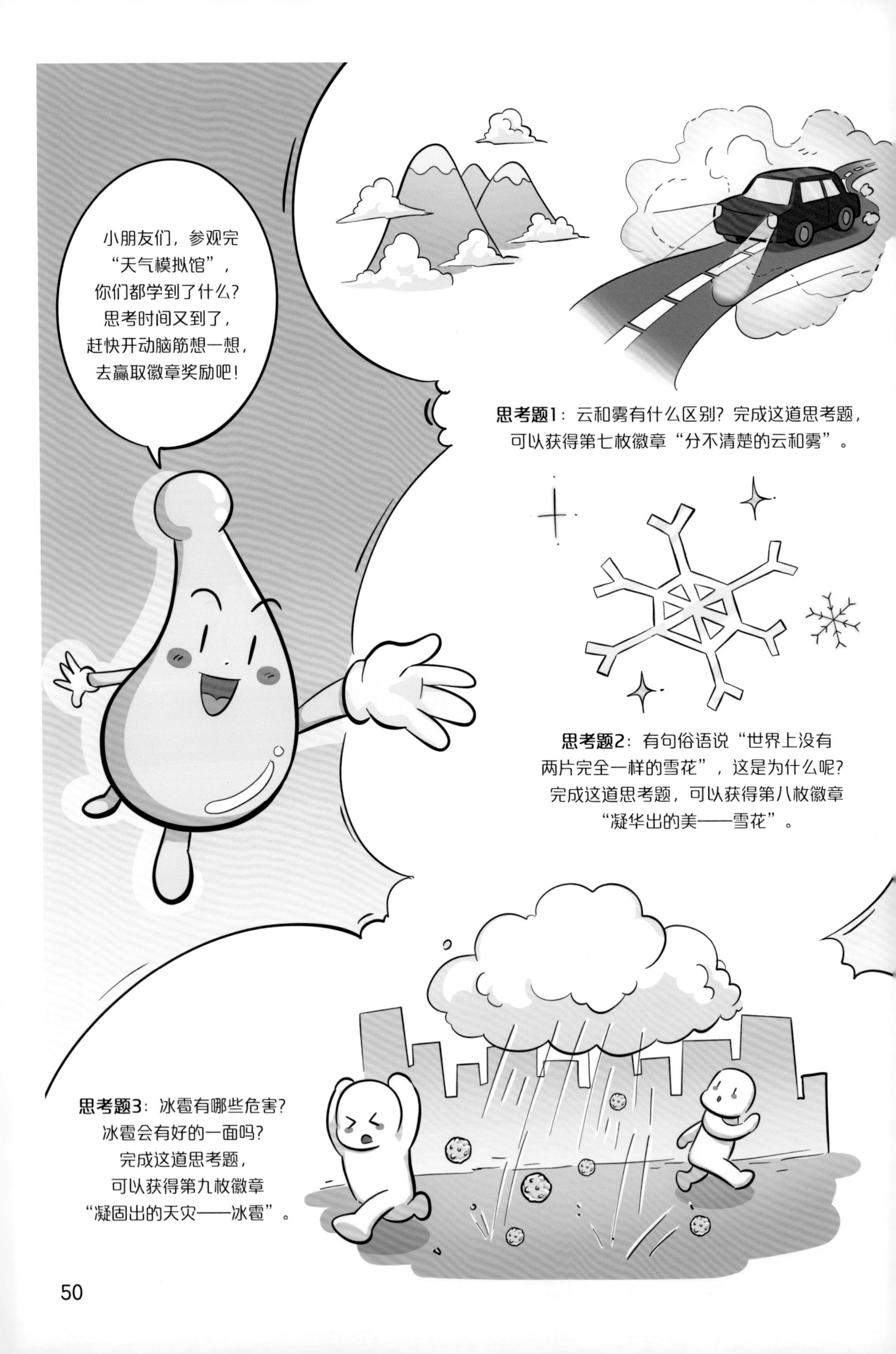
小朋友们，参观完
“天气模拟馆”，
你们都学到了什么？
思考时间又到了，
赶快开动脑筋想一想，
去赢取徽章奖励吧！
思考题1：云和雾有什么区别？完成这道思考题，
可以获得第七枚徽章“分不清楚的云和雾”。
思考题2：有句俗语说“世界上没有
两片完全一样的雪花”，这是为什么呢？
完成这道思考题，可以获得第八枚徽章
“凝华出的美——雪花”。
思考题3：冰雹有哪些危害？
冰雹会有好的一面吗？
完成这道思考题，
可以获得第九枚徽章
“凝固出的天灾——冰雹”。

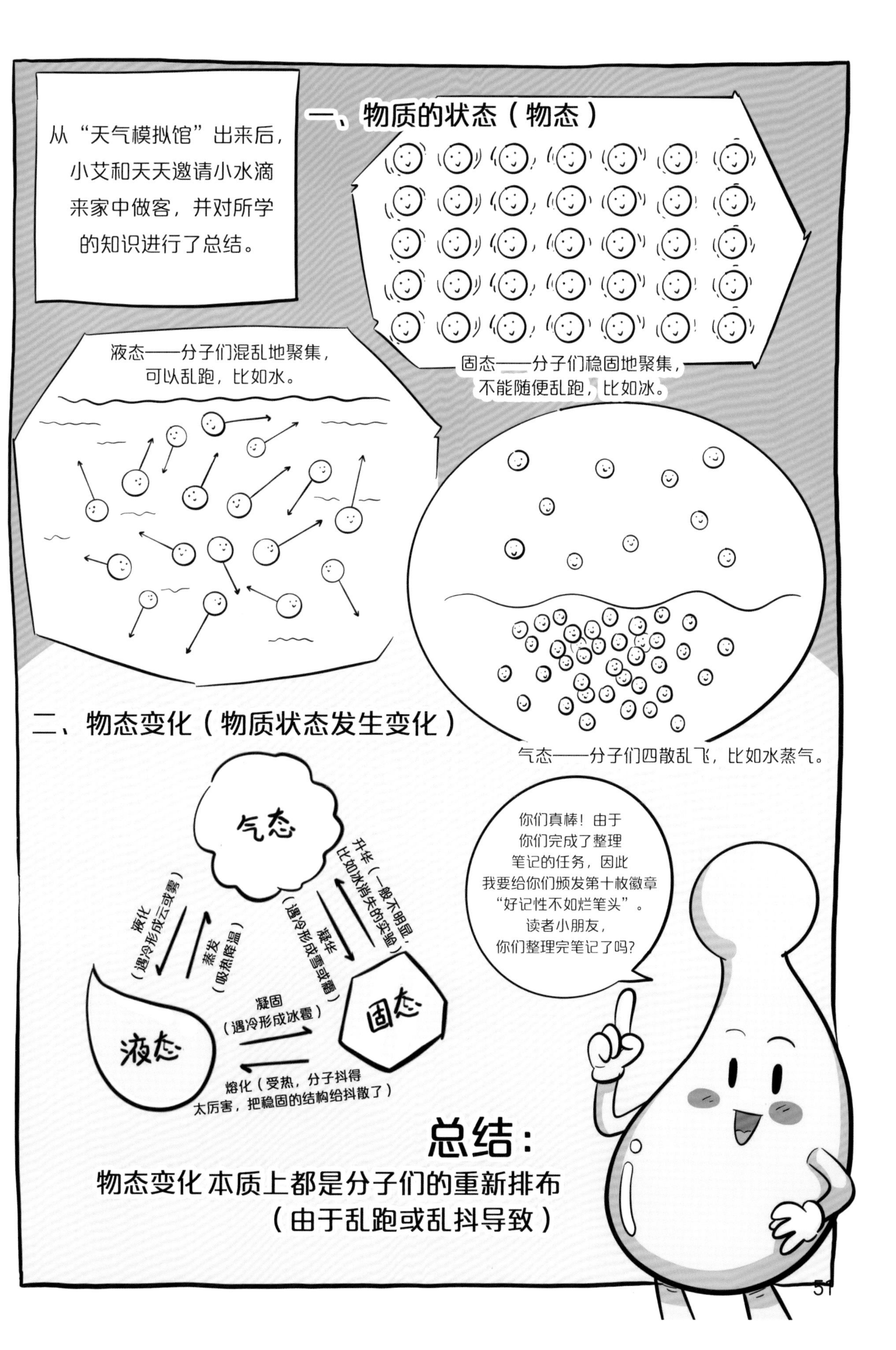
从“天气模拟馆”出来后，小艾和天天邀请小水滴来家中做客，并对所学的知识进行了总结。
一、物质的状态（物态）
固态——分子们稳固地聚集，不能随便乱跑，比如冰。
液态——分子们混乱地聚集，可以乱跑，比如水。
气态——分子们四散乱飞，比如水蒸气。
二、物态变化（物质状态发生变化）
气态
液态
固态
液化（遇冷形成云或雾）
蒸发（吸热降温）
升华（一般不明显，比如冰消失的实验）
凝华（遇冷形成雪或霜）
凝固（遇冷形成冰雹）
熔化（受热，分子抖得太厉害，把稳固的结构给抖散了）
你们真棒！由于你们完成了整理笔记的任务，因此我要给你们颁发第十枚徽章“好记性不如烂笔头”。读者小朋友，你们整理完笔记了吗？
总结：
物态变化 本质上都是分子们的重新排布（由于乱跑或乱抖导致）

知识大汇总

这一节，我们同小艾和天天一起参观了天气模拟馆，了解了云、雾、雪和冰雹的形成过程，现在我们就来总结一下相关的知识吧！

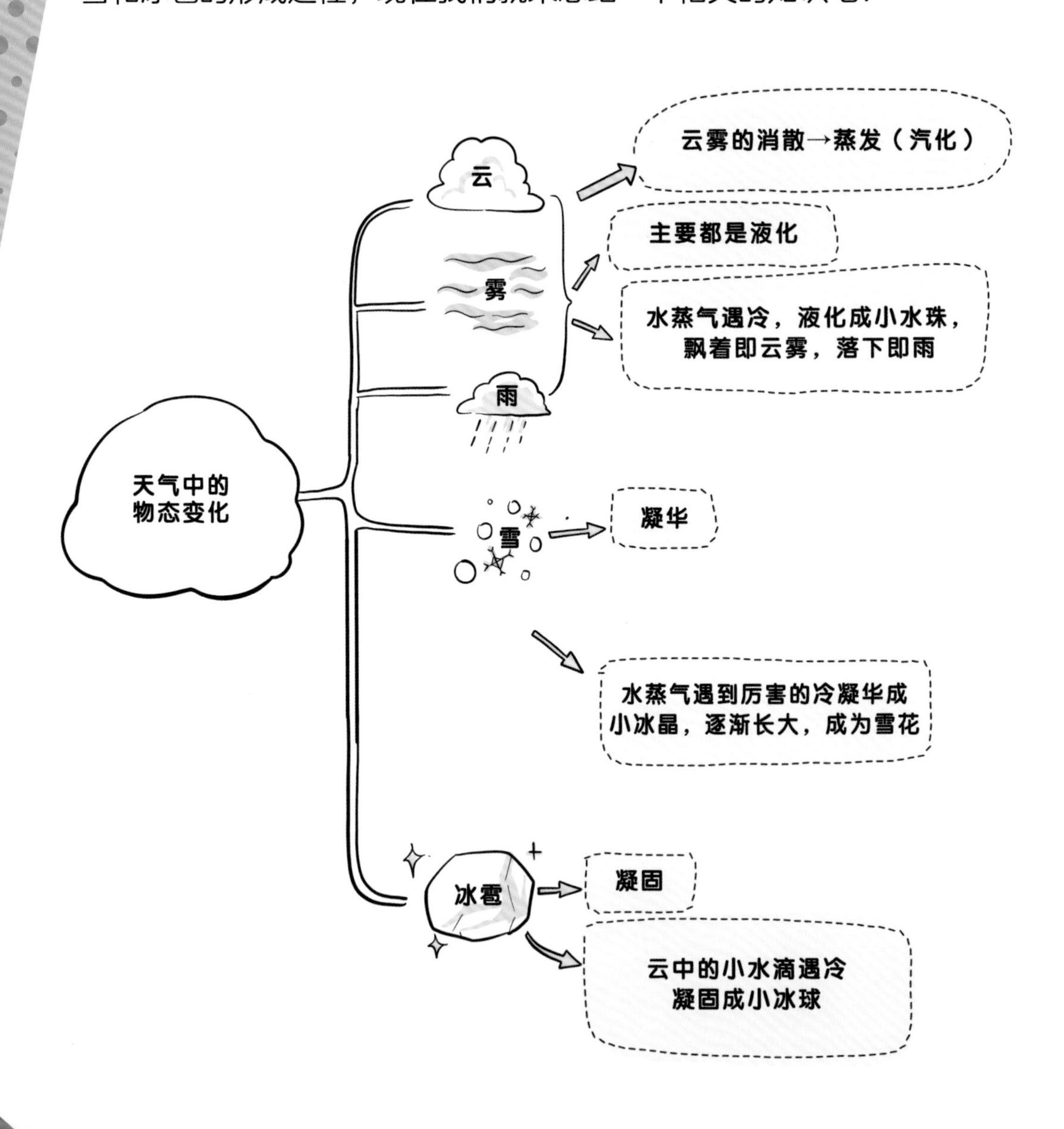
天气中的物态变化
云
雾
雨
云雾的消散→蒸发（汽化）
主要都是液化
水蒸气遇冷，液化成小水珠，飘着即云雾，落下即雨
雪
凝华
水蒸气遇到厉害的冷凝华成小冰晶，逐渐长大，成为雪花
冰雹
凝固
云中的小水滴遇冷凝固成小冰球

06

为了这个问题，大人们都吵翻天了（冷热的本质）

我把笔记看了好几遍，
发现物态变化总是和冷啊、
热啊的有关，但到底什么
是冷，什么是热呢？
这是一种热传导现象，
就是当两个物体接触时，
热会从温度高的物体
传向温度低的物体。
是啊！我也觉得奇怪，
比如当手泡在热水里时，
水把热传给了手，
让手感觉很暖和，
但这里传的“热”，
到底传的是什么呢？
哇！你们将要发现一个惊天大
秘密——冷和热到底是什么。

古时候的科学家们也不明白冷和热到底是什么，于是他们就提出了各种各样的猜想。有人认为热是一种物质，可以把它称为热质；而冷则是另外一种相反的物质，可以称它为冷质。它们都藏在物体当中，它们的多少就决定了物体的冷热程度。

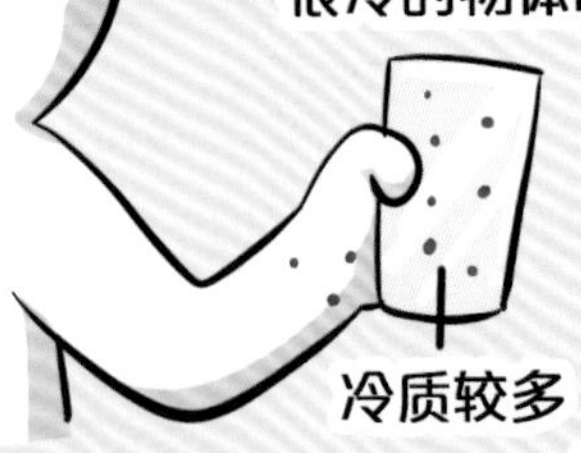

当人用手触摸物体A时，热质就会流进人手，手就会感觉到热。由于传递完热后，物质A的热质变少了，因而也就没有之前那么热了。

B

当人用手触摸物体B时，冷质就会流进人手，手就会感觉到冷。由于物质B的冷质变少了，因而也就没有之前那么冷了。

但是有一些科学家提出了质疑，他们认为光有热质就够了，不需要什么冷质。物体含有热质的多或少，就可以决定物体的冷热程度。

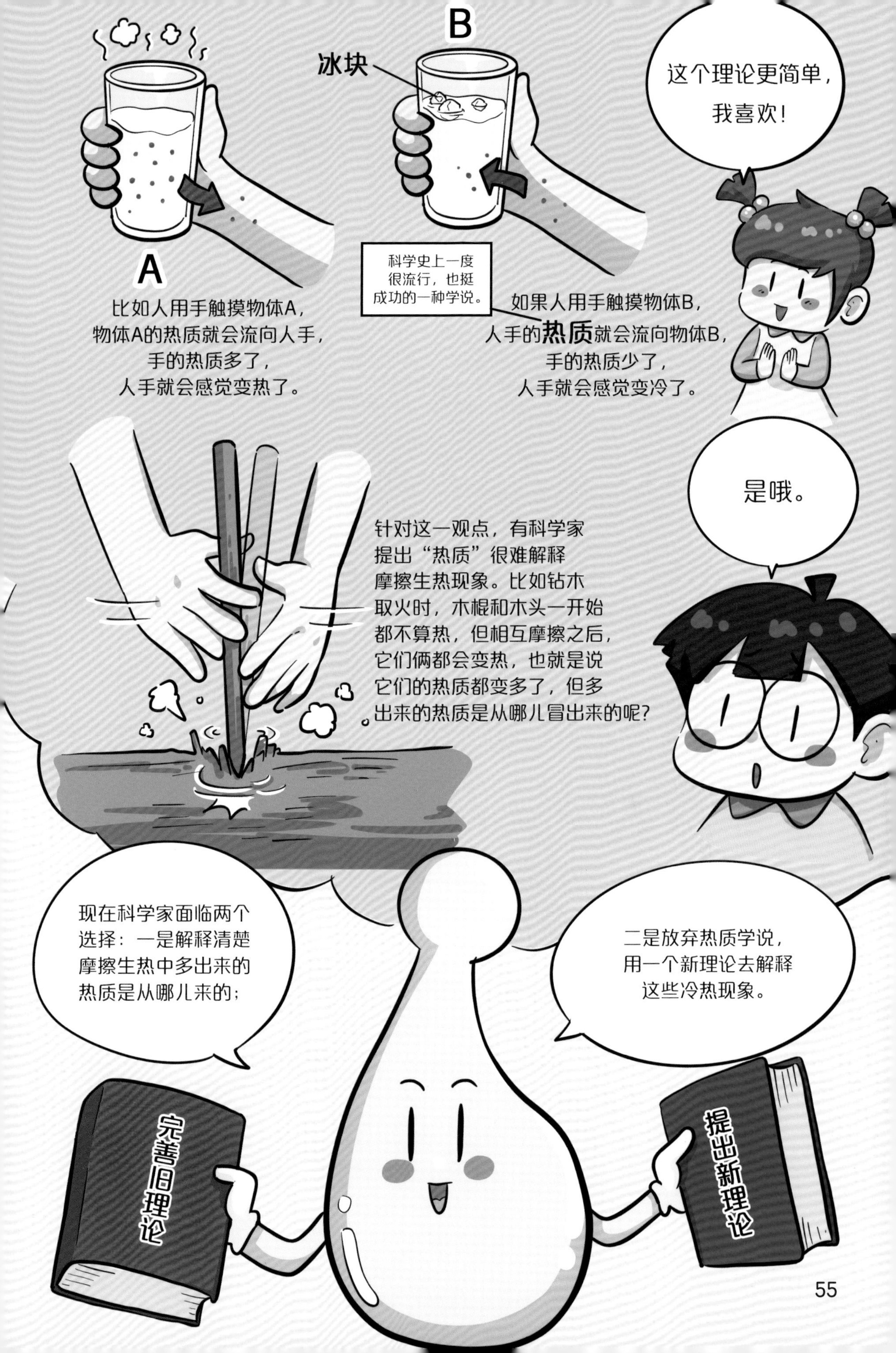
B
冰块
这个理论更简单，
我喜欢！
A
比如人用手触摸物体A，
物体A的热质就会流向人手，
手的热质多了，
人手就会感觉变热了。
科学史上一度很流行，也挺成功的一种学说。
如果人用手触摸物体B，
人手的**热质**就会流向物体B，
手的热质少了，
人手就会感觉变冷了。
是哦。
针对这一观点，有科学家提出“热质”很难解释摩擦生热现象。比如钻木取火时，木棍和木头一开始都不算热，但相互摩擦之后，它们俩都会变热，也就是说它们的热质都变多了，但多出来的热质是从哪儿冒出来的呢？
现在科学家面临两个选择：一是解释清楚摩擦生热中多出来的热质是从哪儿来的；
二是放弃热质学说，用一个新理论去解释这些冷热现象。
完善旧理论
提出新理论

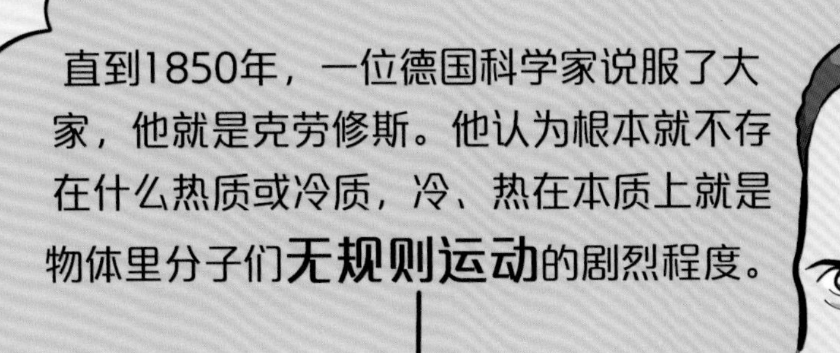
直到1850年，一位德国科学家说服了大家，他就是克劳修斯。他认为根本就不存在什么热质或冷质，冷、热在本质上就是物体里分子们**无规则运动**的剧烈程度。
也就是我们之前说过的——气体分子四散乱飞，液体分子乱跑乱撞以及固体分子在抖动。

较热的物体A

较冷的物体B
物体内分子们无规则运动得越快、越剧烈，这个物体就越热；反之，分子乱动得越慢、越不剧烈，则越冷。

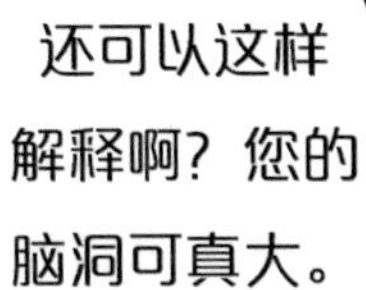
还可以这样解释啊？您的脑洞可真大。

我也是站在前人的肩膀上！

那如何用这个理论解释热传导现象呢?
A
B
分子运动较快
分子运动较慢
A B
把热的物体A和冷的物体B紧贴在一起，物体A的快速分子和物体B的慢速分子相互碰撞，导致物体B中分子们的运动速度变快了些，而物体A中分子们的运动速度变慢了些，这样物体B就会变热，而物体A却没有以前热了。看上去好像是物体A把“热”传给了物体B，而实际上则是分子无规则运动的剧烈程度发生了改变。
那热质学说无法解释的摩擦生热现象，又该怎么解释呢?
您的理论比“热质学说”理解起来要费劲一些……不过听上去的确是一个很妙的理论。
哈哈！关于这个问题，就留作思考题吧!

思考题：如何用克劳修斯的学说解释摩擦生热现象?
多出来的热到底是从哪儿来的呢?
请小朋友们思考并试着解答，
答对以后可以获得第十一枚徽章
“冷热的本质”。集齐11枚徽章，
就可以升级为小小物理学家2段啦!
冷热的本质：
分子无规则运动
小小物理学家
2段

知识大汇总

小朋友们，这一节我们穿越时空，与科学家们深入探讨了冷热的本质，最后得出这样的结论——冷热的本质就是分子的无规则运动，现在咱们一起来梳理一下吧！

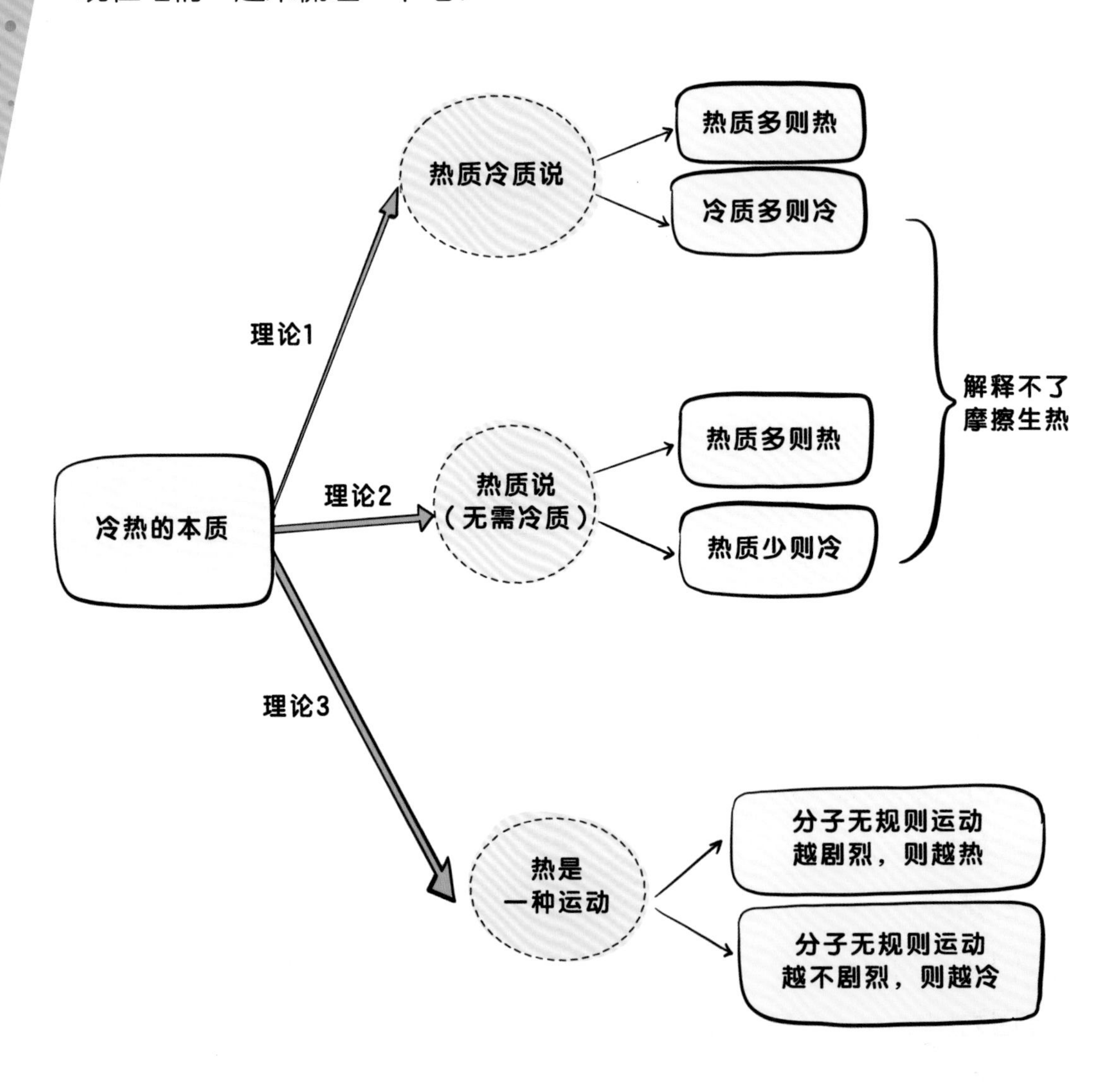
冷热的本质
理论1
热质冷质说
热质多则热
冷质多则冷
理论2
热质说（无需冷质）
热质多则热
热质少则冷
解释不了摩擦生热
理论3
热是一种运动
分子无规则运动越剧烈，则越热
分子无规则运动越不剧烈，则越冷

思考题答案

引言　成为小小物理学家的第二步——细心观察

答案：两个碗卡住分不开了，这时如果能让外侧的碗变大，内侧的碗变小，它们不就分开了吗？具体该怎样做呢？我们可以把外侧的碗泡在热水里，同时往内侧的碗里浇冷水，这样外侧的碗就会受热膨胀，而内侧的碗则会遇冷收缩，如此一来，就能轻松地将它们分开啦！（只让外侧的碗热胀，有时也能将它们分开。）

01　不好了，鱼缸漏水了（蒸发）

答案：1. 让湿衣服上的水尽快蒸发，才能更快地晾干衣服，具体做法如下：

（1）可以把衣服充分展开，专业的说法叫作“增大衣服和空气的接触面积”。

（2）可以将衣服放在太阳下或者暖气片附近，也可以放入烘干机中，专业的说法叫作“加热”。

（3）可以将衣服放在通风处或者用电吹风对着衣服猛吹，专业的说法叫作“加快空气流动”。

2. 蒸发吸热降温的例子如下：

（1）洗澡或者游泳后，如果没有及时擦干身上的水，你会感觉有些冷，这是因为皮肤上液态的水会蒸发变成气态的水（水蒸气），在这个过程中水会吸收皮肤的热，所以你会感觉冷。

（2）打针前，护士会用酒精给我们的皮肤消毒，这时你会感觉凉飕飕的，这是因为液态的酒精很容易蒸发成气态的酒精蒸气，在这个过程中，酒精会吸收皮肤的热，所以你会感觉冷。

（3）天热时扇扇子会感觉凉爽，这是因为扇扇子加快了空气的流动，从而加快了皮肤上汗液的蒸发，所以你会感觉凉爽（有时皮肤上看似干燥无汗，实际上有非常微小的汗液在蒸发）。

02 咦！冷饮罐出汗了（液化和凝华）

答案：1. 日常生活中有不少液化现象。

（1）比如冷柜附近飘着的淡淡白雾，就是空气中的水蒸气遇到了冷柜附近的冷气，水蒸气遇冷液化成很多微小的小液滴，它们飘在空中，形成了我们所看见的白雾。

（2）饭店厨房里的“液化气罐”，不知道你们有没有见过？那里面装的就是可燃气体通过液化而成的液体。和遇冷液化不同的是，这些可燃气体是通过压缩来实现液化的。

2. 水蒸气遇到一般程度的冷后，水分子们的躁动程度会减弱，它们会从四处乱飞的气态转变为“相对乖巧”的液态。但如果水蒸气遇到特别厉害的冷，水分子们的躁动程度就会大幅度减弱，从而直接从四处乱飞的气态变为“更加乖巧”的固态，这种现象就叫作“凝华”。冰箱冷冻柜里的霜、北方寒冬窗户上美丽的冰花，这些都是凝华现象。

03 关于水的神奇发现（凝固和熔化）

答案：除了冰熔化成水，水凝固成冰，熔化和凝固现象还有：

（1）点燃蜡烛后，固态的蜡熔化成一滴一滴的液体流淌下来，远离火焰后，它又会重新凝固成硬邦邦的状态；

（2）铁块被超级高温熔化成了红热的液态铁（俗称铁水），铁水流淌进模具，冷却后又凝固成我们需要的样子（比如井盖、暖气片等）。

04 快看，冰块消失了（升华）

答案：1. 能。北方寒冬时节，把湿衣服放到外面，首先衣服里的水凝固成冰，衣服会变得硬邦邦的，甚至衣服还可以立在地上。由于太冷，冰不会熔化成水，但冰会慢慢地直接升华成水蒸气，衣服也就慢慢地变回到柔软且干燥的状态了。（注意：水蒸气可以很热，也可以很冷，比如冰箱里的空气中也含有少量的低温水蒸气。）

2. 仔细观察，你可能会发现原本干净的盘子上有一些微小的小冰晶，这是之前咱们提过的凝华现象。盘子在冰箱里冷却后，冰箱里的少量水蒸气遇到冰冷的盘子，会直接凝华成固态——小冰晶，感觉就像是食盐颗粒似的。

05 天气模拟馆（云、雾、雪和冰雹）

答案：1. 云和雾其实没有什么本质区别，总体上都是水蒸气遇冷后，液化成无数小液滴而成的。比如你在山顶上遇到大雾，但从山下看，那明明就是一片云嘛！

2. 世界上没有两片完全一样的雪花，雪花的生长的过程中（水蒸气凝华成固态的过程）是受周围环境影响的，比如温度、湿度、气压等都会对它产生影响，而每片雪花周围的环境不可能完全一样，或多或少都有些不同，所以在不同环境中长大的雪花也就各式各样啦！

3. 冰雹的危害和好处如下：

（1）冰雹的危害那就太多了，毕竟这属于危险的“高空抛物”啊！砸到谁，谁疼！所以遇到冰雹天要赶紧躲起来。而且冰雹还会造成农作物减产，房屋、牲畜等受损。

（2）冰雹还能有好的一面？其实凡事都有两面性，比如某地炎热干旱，这时如果遇到一场大冰雹，只要没有砸到人畜，估计当地人还是挺开心的，毕竟可恶的冰雹还会熔化成宝贵的水。

06　为了这个问题，大人们都吵翻天了（冷热的本质）

答案：克劳修斯认为冷热的本质是分子的无规则运动，分子无规则运动得越剧烈，则越热，反之则越冷。当 A、B 两个物体相互摩擦时，从微观上看，A、B 两个物体接触面上的分子们会不断相互碰撞。分子间的相互碰撞使得 A、B 分子们的无规则运动变得更加剧烈了，所以 A、B 都变热了。

专业名词解释

温度——表示冷热程度的物理量，温度高表示热，温度低表示冷。

摄氏度（℃）——温度的常用单位，人们规定水结冰的温度为 0 摄氏度，在标准大气压下，水沸腾时的温度为 100 摄氏度（标准大气压约为海边的气压值）。除了摄氏度，还有华氏度（°F）、开氏度（K）等温度单位。

热胀冷缩——绝大多数物质在受热后，体积会变大（可能只是不易察觉的微微变大），这就是热膨胀。反之，它们在遇冷后，体积会缩小，这就是冷缩。

反常热膨胀——虽然绝大多数物质都受热膨胀、遇冷收缩，但有些物质却恰恰相反。比如水在 0℃ ~4℃时，它会受热升温，体积变小（热缩），遇冷降温时，则体积变大（冷胀）。

物态——物质存在的状态，常见的物态有固态、液态、气态三种，还有第四种物态——等离子态（火焰、太阳就是等离子态），但宇宙之大无奇不有，物态远不止这四种，至于还有哪些，不妨发挥你的查阅搜索能力，去找找看吧！

固态——外在表现为“硬邦邦”的，形状和体积不会随意变化。微观上看，固体里的分子们较为聚集，不随便乱跑，但它们会无规律地抖动。

气态——气体的形状不定，甚至体积也不定，就看装气体的容器是什么形状和多大体积了。微观上看，气体里的分子们之间比较疏远，它们四处乱飞、乱撞。很多气体都是透明看不见的，比如氧气、水蒸气等，也有有色气体，比如黄绿色的有毒氯气等。

液态——液体的形状不定（不像固体，像气体），但液体的体积也不会随意改变（像固体，不像气体）。微观上看，液体里的分子们虽较为聚集，但它们会到处乱跑乱撞。

物态变化——当达到特定条件时，物质会从一种物态转变为另一种物态，比如水变成冰。物态虽然变了，但组成物质的微小分子本身并没有变。

汽化——物质从液态转变为气态，蒸发和沸腾（比如水被烧开了）都是汽化。

蒸发——发生在液体表面的一种汽化现象（液态变为气态）。与空气接触的面积大小、温度、空气流动都会影响蒸发的快慢。

蒸发吸热——液体蒸发成气体时，会吸收周围的热，使周围的温度降低（思考题答案里有具体例子）。

液化——物质从气态转变为液态，比如水蒸气遇冷会液化成小水滴。除了遇冷液化之外，压缩气体体积也可能实现液化。

凝固——物质从液态转变为固态，比如水凝固成冰。

熔化——物质从固态转变为液态，比如冰熔化成水。

升华——物质不经过液态，而从固态直接转变为气态，比如冰升华成水蒸气。

凝华——物质不经过液态，而从气态直接转变为固态，比如水蒸气遇冷凝华成小冰晶，继而产生霜、雪、冰花。

天气中的物态变化——天气的成因往往十分复杂，这里只说其主要因素。云、雨、雾主要源于水蒸气遇冷液化而成的小水滴。雪和霜主要是水蒸气遇冷凝华而成的。冰雹主要源于云中小水滴遇冷凝固成小冰球。

探索现象背后的本质——科学家们相信，面对千变万化、多姿多彩的现象，我们如果追根求源，就可能会找到隐藏在无数不同现象背后的相同本质。为此，科学家们常常会犯错，但他们的努力会使我们不断接近真相。

热质说——解释冷热现象的一种理论，曾经很流行。热质说认为物质因所含“热质”多少的不同，而表现为冷热程度的不同，它能够解释热传递现象，但却无法解释摩擦生热。

热的本质——热本质上是一种运动——分子的无规则运动，分子无规则运动得越剧烈，则越热，反之越冷。

热了胀
冷了缩

悄悄进行的
蒸发

液化：
我可不是漏水

美丽冻人
的凝华

固液互换——
凝固和熔化

不易被发现的
升华

分不清楚的
云和雾

凝华出的
美——
雪花

凝固出
的天灾——
冰雹

好记性不如
烂笔头

冷
热
冷热的本质

小小物理学家
2段